中国石油学会
西南石油大学 联合推出

■苏德辰 孙爱萍 编著

地质之美

经典地貌

石油工业出版社

图书在版编目（CIP）数据

地质之美——经典地貌／苏德辰，孙爱萍编著．
北京：石油工业出版社，2017.1
ISBN 978-7-5183-1576-5

Ⅰ．地…
Ⅱ．①苏…②孙…
Ⅲ．地貌－普及读物
Ⅳ．P931-49

中国版本图书馆 CIP 数据核字（2016）第 258636 号

出版发行：石油工业出版社
（北京安定门外安华里 2 区 1 号　100011）
网　址：www.petropub.com
编辑部：(010) 64523544
图书营销中心：(010) 64523633
经　销：全国新华书店
印　刷：北京中石油彩色印刷有限责任公司

2017 年 1 月第 1 版　2020 年 5 月第 2 次印刷
787×1092 毫米　开本：1/16　印张：13.75
字数：380 千字

定价：78.00 元
（如出现质量问题，我社图书营销中心负责调换）

导读

山岳冰川地貌

汉语中将高山称为岳，本书中的山岳地貌既包括地球上巨大的山脉，也包括一般意义上的山地、丘陵和高原。

亚洲是地球上最大的洲，陆地面积为 4460 万 km^2，占全球陆地面积的 30%。亚洲的山岳地貌占全洲总面积的 75%，地球上最高的山脉、高原以及 7000m 以上的山峰全部位于亚洲。全洲平均海拔接近 1000m，仅次于南极洲。

中国与尼泊尔、不丹、印度和巴基斯坦等国交界的喜马拉雅山脉是地球上最高的山脉，它东西方向长约 2400km，东部宽约 150km，西部宽约 400km。海拔 7200m 以上的山峰有 100 余座。全球海拔 8000m 以上的 14 座高峰中有 10 座位于喜马拉雅山脉。地球最高峰为海拔 8844.43m 的珠穆朗玛峰，位于中国与尼泊尔交界处。另外 4 座 8000m 以上的高峰位于与大喜马拉雅山脉近于平行的世界第二高山脉——喀喇昆仑山脉。

青藏高原是地球上最高的高原，被称为“世界屋脊”和地球的“第三极”。青藏高原的平均海拔大于 4500m，总面积约为 250 万 km^2。其南界为喜马拉雅山脉，北界为祁连山，西部为帕米尔高原和喀喇昆仑山脉，西北缘为阿尔金山，东部为龙门山，东北部与秦岭山脉西段和黄土高原相接。

根据目前的地质学理论，地球表面是由若干个巨大的岩石圈板块构成的，板块之间的相互碰撞和俯冲、板块内部的深大断裂以及与板块运动相关的地球内部的岩浆活动是山岳地貌形成的最根本原因。青藏高原和喜马拉雅山脉就是印度板块向欧亚板块俯冲碰撞形成的。

珠穆朗玛峰—吴树成摄

珠穆朗玛峰：简称珠峰，是世界第一高峰，位于喜马拉雅山脉中段，海拔 8844.43m。珠峰顶点坐标为：北纬 27° 59′ 15.85″，东经 86° 55′ 39.51″。珠峰南坡位于尼泊尔境内，北坡位于我国西藏自治区定日县。

珠峰整体呈巨型金字塔状，四周地形极为险峻，气象瞬息万变。在山脊和峭壁之间，分布着 500 多条大小不等的冰川，冰川上有许多美丽而神奇的冰塔林，犹如广寒仙境。

数千万年前，印度大陆与亚洲大陆之间有一片大洋相隔，地质学家称这片大洋为特提斯洋。距今大约 5000 万年，印度板块向北运动，与亚洲板块发生俯冲和碰撞，造成地壳抬升，特提斯洋消失，最终形成了喜马拉雅山脉和青藏高原。

梅里雪山—吴树成摄

梅里雪山：位于云南迪庆藏族自治州德钦县和西藏的察隅县交界处，主峰海拔 6740m。梅里雪山由一系列南北走向的庞大雪山群体构成，位于金沙江、澜沧江、怒江“三江并流”地区，属横断山脉。梅里雪山与青藏高原基本上是同时形成的，是印度板块向北俯冲过程中形成的一个山脉支系。

梅里雪山地形复杂，山高谷深，气候垂直分带明显，是研究生物多样性的绝佳之地。梅里雪山是藏传佛教的四大神山之一，海拔 6740m 的主峰至今仍是人类未能征服的“处女峰”。

梅里雪山—吴树成摄　梅里雪山主峰呈金字塔状，周围共有 4 条冰川。东侧的明永冰川为最长和最大的海洋型冰川，从主峰附近的冰斗蜿蜒而下至海拔 2600~2700m 附近的原始森林。进入 21 世纪以来，由于气候变暖和人类活动加剧，明永冰川正在加速融化和后退。根据谷歌地球的历史卫星影像分析，自 2004 年 3 月至 2015 年 10 月，明永冰川已经从海拔 2700m 后退到海拔 2900m 处，后退距离超过 800m。

米堆冰川：位于喜马拉雅山脉东段，因离波密县米堆村仅 2km，故得此名。米堆冰川主峰海拔 6800m，雪线海拔 4600m。冰川的形成主要受益于从印度洋而来的海洋性季风所携带丰沛的雨水，因此属于海洋型冰川。

波密县米堆冰川—吴树成摄

唐古拉山口—吴树成摄　唐古拉山脉位于青藏高原的中央，呈东西走向，是青藏高原重要的地理分界，东段是怒江水系和长江水系的分水岭，长江源头（沱沱河）发源于唐古拉山主峰。唐古拉山口海拔 5231m，是青藏公路（G109 国道）青海与西藏的分界点。自山口向东观望，可见到皑皑的雪山和冰川。

青藏公路与青藏铁路在经过唐古拉山时的路线并不重合，两条路线中间有海拔 6022m 的巴斯康根峰相隔，山顶亦被白雪覆盖。青藏铁路唐古拉山口站的海拔高度为 5072m。

唐古拉山巴斯康根峰的冰川—周刚摄

夏季的祁连山　祁连山位于中国西部腹地，青海省与甘肃省之间，由一系列北西—南东走向的次级山脉构成。祁连山总长近1000km，多数山峰海拔在4500～5500m之间，4800m以上的山峰常年被冰雪覆盖。祁连山脉位于河西走廊南侧，因此又被称为南山。祁连山冰川水的主要来源是大陆，是典型的大陆型冰川。

祁连山北麓扁都口的农田与草场　春夏两季，祁连山的冰雪融化，为山中的草场和山谷中的农田带来了充足的冰川融水。

夏季祁连山腹地的草场　祁连山腹地的草原是中国最美的草原之一。山中的草场犹如绿色的地毯。

祁连羊群　10 月中下旬，祁连山腹地气温已经接近零度，草场完全变成了黄色。

河西走廊上的古长城

◀ 得益于祁连山雪山融水的滋润，数百公里长的河西走廊自古便是中国的富足之地，也是中华文明以及中外交往的重要通道。图中为沿河西走廊修建的古长城遗迹。

飞机上鸟瞰天山

天山上的冰川—张红旗摄

◀ 天山自东向西横跨中国、哈萨克斯坦、吉尔吉斯斯坦和乌兹别克斯坦，全长 2500km，平均宽 300km。中国境内天山长 1700km，由北天山、中天山和南天山以及三者之间的山间盆地和山前平原构成。天山位于欧亚大陆的中心，是地球上距离海洋最远的山系。主峰为托木尔峰，靠近中吉边境，海拔 7435m。

博格达峰，海拔 5445m，是天山东段的著名高峰

贡嘎山冰川

贡嘎山是四川境内最高的山峰，由距今 1300 万年前的花岗岩组成，主峰海拔 7556m。受印度洋暖湿气流的影响，这里的冰川极为发育。因冰川的强烈侵蚀和温度剧烈变化引起的冻胀风化，使主峰呈典型的金字塔状角峰，顶峰周围有数个大型冰斗。冰斗之间为刃状山脊，自峰顶呈放射状向下延伸。长度超过 5km 的山谷冰川有 5 条，还有数十条次级冰川。主峰东坡的海螺沟冰川是其中规模最大的冰川，从冰斗源头算起，目前的延伸距离长达 13km。

右图为贡嘎山主峰西坡的两条山谷冰川。其中①号冰川的规模明显大于②号。两条冰川都是由主峰附近的冰斗冰川演化而来，携带了大量的巨石碎块。这些岩石碎块与巨厚的冰层一起向下运动的过程中，一边汇集沿途的岩屑，一边又继续对两侧和底部的山体进行侵蚀、破坏。随着高度的降低，冰川不断融化成水，冰川中岩石碎块比例越来越多，最终成为包含大量岩石碎屑的冰碛垄。

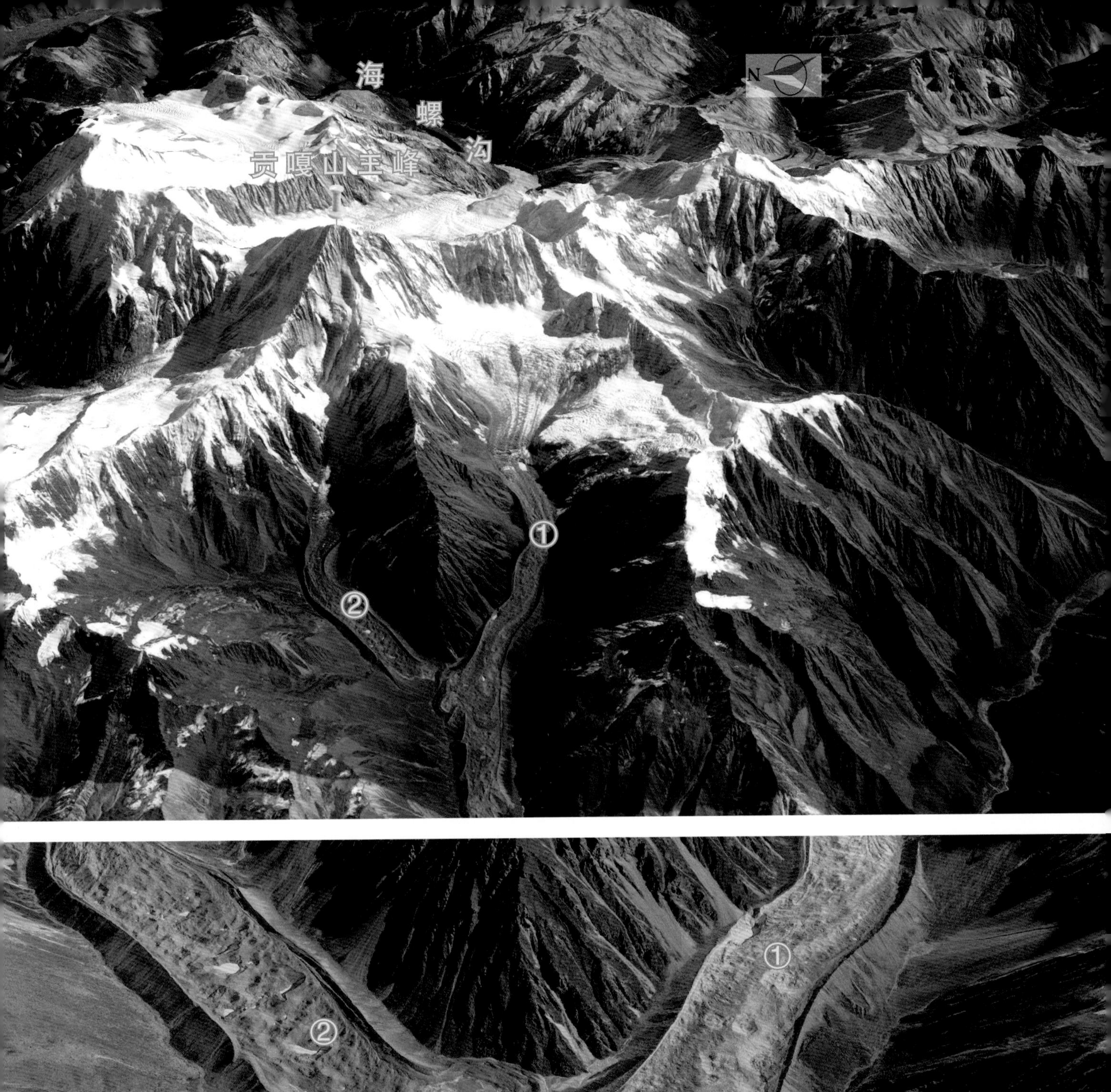

海
螺
沟
贡嘎山主峰
N
①
②

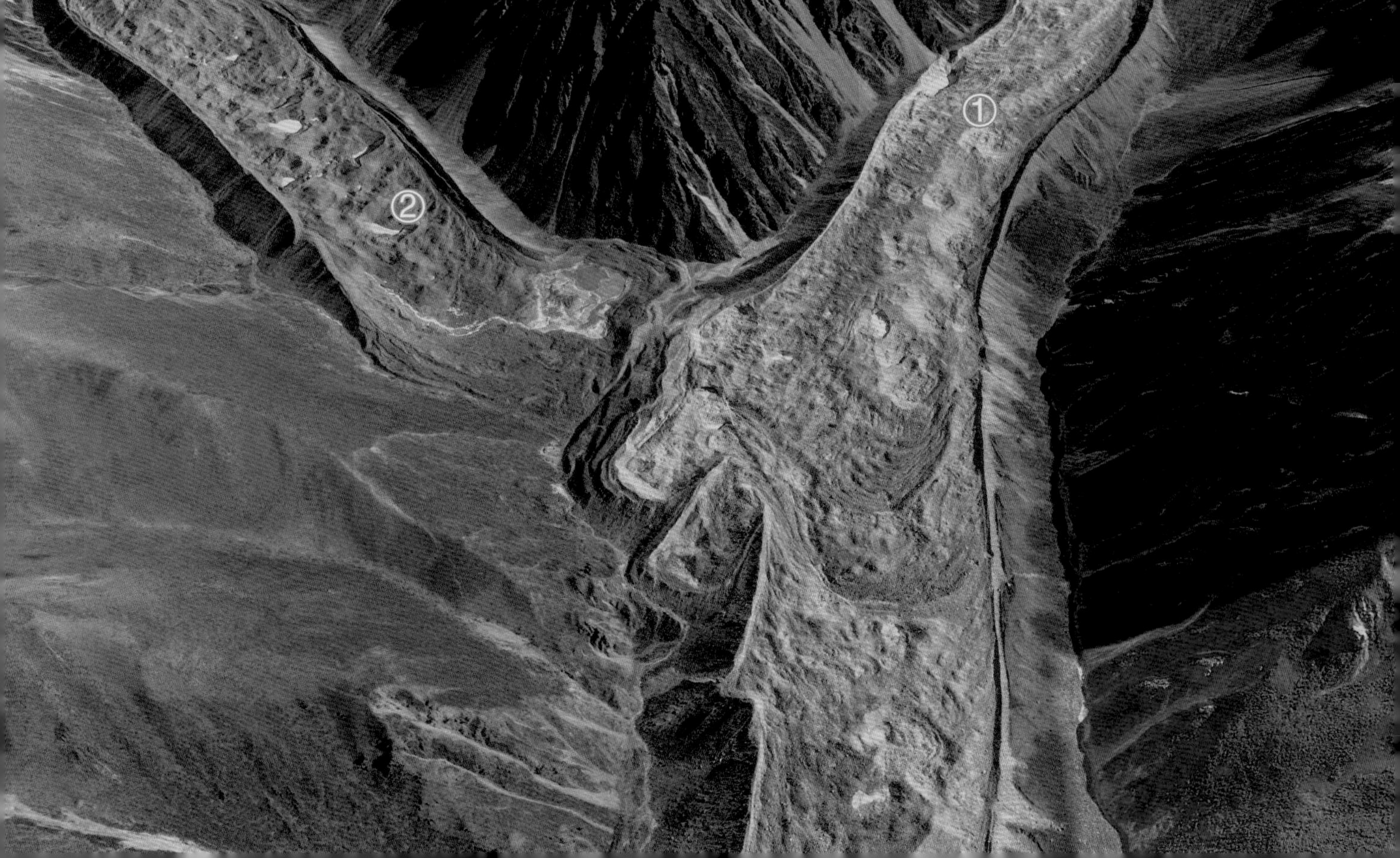

①
②

海螺沟冰川

贡嘎山主峰
N

受重力影响，冰川会以每年数米至数百米的速度向下移动。移动过程中，巨厚的冰体会产生裂隙，冰川上常有巨大的冰裂缝、冰洞、冰桥等。地形陡峻处，还会形成高度和宽度近千米的壮观冰瀑。坚硬的冰体特别是冰川中夹杂的岩石碎块会对其两侧和底部的岩石产生强烈的侵蚀作用，因此山谷冰川中混有大量因冰川侵蚀和冻胀崩落的花岗岩岩块。

角峰、冰斗冰川和刃脊

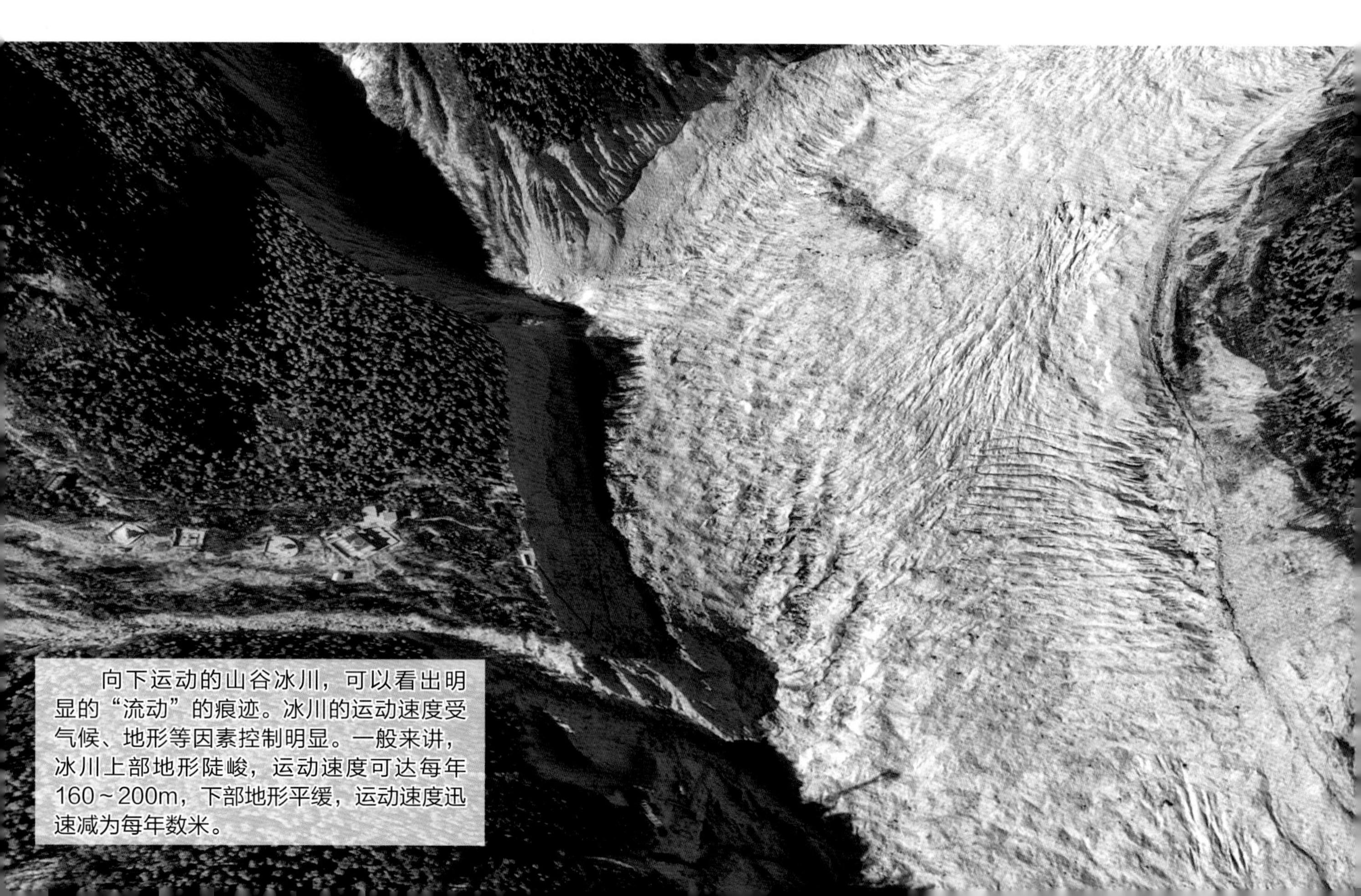

向下运动的山谷冰川，可以看出明显的“流动”的痕迹。冰川的运动速度受气候、地形等因素控制明显。一般来讲，冰川上部地形陡峻，运动速度可达每年160～200m，下部地形平缓，运动速度迅速减为每年数米。

通往冰川中心的山路，沿途完全由巨大的花岗岩砾石组成，大部分石块表面新鲜，磨圆程度较差。

冰川表面有很多混杂在冰体中或冰面上的巨大的岩块和裂隙与冰洞。

与冰川作用有关的巨石

青藏高原许多阶地上散落着一些体积巨大的岩块，上面甚至可以建庙盖房，远远超出洪水或泥石流的搬运能力，也非周边山上崩塌滚落，而是早期冰川携带而来的漂砾。南迦巴瓦峰是西藏林芝地区最高的山峰，海拔7782m。山下沿雅鲁藏布江大峡谷分布着一些阶地，为当地重要的粮食生产基地。此张照片阶地上石块后方的山峰即是南迦巴瓦峰，右侧的主峰掩盖在白云下面。

雅鲁藏布江阶地上的冰川漂砾

同一阶地上另一个更大的冰川漂砾，被当地人敬若神明，原住民和游客常常绕石转圈，祈求平安。

雅鲁藏布江阶地上的冰川漂砾

照片左下的这块巨石被当做建房修路的原料，已经被开采得只剩下几米长。照片中上隐藏在树后的巨石体积巨大，约有3层楼高，被当地人神化后而保留了下来，上面建了一座小庙。

磨西古镇周边的冰川漂砾

磨西古镇及其以北的居民点位于一南北走向的古冰水阶地上，平整的阶地上散落着一些体积巨大的岩块，它们多是古冰川搬运而来，称为冰川漂砾。

磨西古镇周边的冰川漂砾

贡嘎山下的红石滩

贡嘎山有美丽的冰川，有丰富多彩的植被和变化多端的生态环境。从甘孜藏族自治州州府康定至泸定县的公路旁，常会发现周边沟谷中的石头表面布满一层红红的物质，异常漂亮。特别是磨西古镇附近的燕子沟，几乎铺满了红色的石头。近距离观察，这些红色的石头都是花岗岩、花岗闪长岩砾石，红色物质只生长在石头的表层。它们不是石头中风化淋滤的无机物，也不是地衣、真菌或苔藓，而是一种“气生丝状绿藻”，学名为“约利橘色藻”，由于橘色藻细胞内富含颜色鲜红的虾青素，所以表面长有大量橘色藻的石头就变成了绚烂夺目的红石。

地球自形成以来已经有46亿年的历史了，在此过程中，出现过多个温度很低、持续时间很长、发育大量冰川的时期，称为“冰纪（Ice Age）”或“大冰期”。大冰期持续时间为数百万年甚至上亿年。离我们最近的大冰期发生于250万年到300万年前，结束于1万到2万年前，被称为第四纪大冰期。这次大冰期发展到鼎盛时，地球上30%的陆地变成了冰川。欧洲和北美的冰川边界从极地前进到了北纬40°左右。

第四纪大冰期期间，地球的气温仍然有多次剧烈的温度降低与升高的变化过程，分别称为“冰期”和“间冰期”。表现在地球表面冰川面积的剧烈变化和多次进退。科学家在第四纪大冰期中间识别出了4个次级的冰期和3个间冰期，其中最近的一次冰期大约始于11万年前，结束于1万年前。目前第四纪大冰期并没有结束，我们只是处于第四纪大冰期的第3个间冰期内。

露易斯湖（Louise Lake）—张红旗摄

露易斯湖（Louise Lake），位于班夫镇西侧56km处，因湖水溶有冰川侵蚀而来的岩粉而呈绿色。该湖由冰川侵蚀形成的洼地潴水而成，水源主要为湖后的维多利亚冰川融水。因湖水中溶解岩粉浓度随季节而变化，加之光线、视角和距离的不同，湖水的颜色变化万千。

哥伦比亚冰原（The Columbia Icefield）一张红旗摄　面积 325 km^2，厚 100~365m，每年积雪厚度为 7m，是北极圈外最大的冰原遗迹，南部位于加拿大班夫国家公园内，北部位于贾斯珀国家公园。哥伦比亚冰原主要形成于两个阶段，其一为 24 万年至 12 万年间的冰期，其二为距今 18000 年至 10000 年期间。以冰原为核心，周围发育了 8 条山谷冰川。

落基山脉的冰斗—张红旗摄　第四纪大冰期在落基山脉留下了大量遗迹，“U”形谷和古冰斗比比皆是。众多的高山湖泊基本上都是冰川侵蚀形成的，有的由古冰斗直接演化而成。

佩图湖（Peyto Lake）一张红旗摄

北美落基山脉班夫国家公园中的冰川

班夫国家公园(Banff National Park)位于落基山脉北段的东麓，面积约6600km^2，始建于1885年，是加拿大第一个国家公园。公园内有许多现代山岳冰川景观，可见到大量的第四纪冰川形成的冰河、冰湖。谷地与高山、冰原与河流、森林与草地巧妙地组合在一起，使班夫成为世界一流的科学考察与旅游胜地。现在，班夫国家公园与贾斯珀(Jasper)、库特奈(Kootenay)和约虎(Yoho)等国家公园一起以加拿大落基山公园 (Canadian Rocky Mountain Parks) 的名义列入世界自然遗产名录。

美国约塞米蒂（Yosemite）国家公园中的冰川遗迹

位于美国西部加利福尼亚州的约塞米蒂国家公园（Yosemite National Park），是美国首个国家公园。公园内有大面积的花岗岩。绝大多数山峰为平缓的丘状，山坡上散落着许多巨石，这是用流水现象不能解释的。原来距今 10000 年前，第四纪冰川曾经覆盖这个地区，冰川的运动把山顶磨成平缓的坡面，冰川消失后，冰川携带的巨石静静地留在了这里。

约塞米蒂的花岗岩棋盘状节理——冰川漂砾

约塞米蒂的花岗岩——冰川地貌

约塞米蒂的花岗岩棋盘状节理——冰蚀谷 **表面圆滑、单侧陡立的山峰是冰川切削与构造运动共同形成的。**

约塞美蒂的花岗岩——冰川地貌

冰川湖

峡湾地貌（Fjord Landform）

第四纪大冰期，现在的北欧基本被冰川覆盖，冰盖范围巨大，一直延伸到海洋。现今挪威海岸的峡湾就是冰期时冰川下蚀而形成的深切槽谷。地球气温回升，冰川退却后，数百米甚至上千米深的阶梯状槽谷被海水涌入，而形成现在的峡湾地貌。目前，在挪威仍然可见残存的冰川和“U”形冰川谷，以及大量的冰川活动遗迹。

挪威的现代冰川与冰川河

被海水充填的冰川槽谷（挪威）

冰川侵蚀形成的槽谷（挪威）

被冰及冰中携带的岩屑磨光后的基岩（挪威）

北极圈内的冰川地貌

靠近北极附近，即使海拔很低的山峰也会因为纬度高、温度低而长年结冰，只是雪线位置随季节而略有升降。以下为挪威斯瓦尔巴特群岛所见到的极地冰川地貌。

朗伊尔宾附近的夏季风景

冰川“遗迹”，冰川融化后，其携带的异地巨石留在了山坡

挪威斯瓦尔巴特群岛首府朗伊尔宾的极地大学

河流与湖泊地貌

河水在流动过程中会对河床产生向下的侵蚀作用，使河床逐渐变深，还会使河流向源头方向逐步后退，河水的这种作用称为下切作用，或下切侵蚀，多发生在河流的上、中游。除了对河底的向下侵蚀外，河水还对两侧的河岸产生侧向侵蚀，简称侧蚀。侧蚀使河谷变宽，在河流的上、中、下游均可发生。河流的下切与侧切作用经常共生，特别是在河流的上游和中游。冲沟和峡谷是最典型的河流侵蚀地貌。

河水流动过程中可携带泥砂向下游运移，也可推动河底的粗砂或砾石向下游移动，这些统称为河流的物理搬运。河水还可将岩石或土壤中的可溶性的物质溶解，直接搬运到下游的海洋或湖泊中，这种过程称为化学搬运。被河水搬运的物质在适宜的环境下堆积所形成的地貌称为堆积地貌。典型的堆积地貌有河漫滩、冲积扇、堆积阶地和河流三角洲等。

河水对地表进行侵蚀和堆积所形成的所有地貌统称为河流地貌。河流地貌受地质、地形、气候和植被等多种因素控制。

大型河流的源头多起源于高山或高原，常与冰川有关。例如，长江和黄河都发源于青藏高原，密西西比河发源于落基山脉，亚马孙河发源于安第斯山脉，尼罗河发源于布隆迪高原。

台湾太鲁阁大峡谷

台湾太鲁阁公园横跨花莲县、台中县、南投县，公园内有台湾第一条横贯东西的公路——中横公路。该公路在土著居民的古道基础上修建，从海平面修至海拔3000m以上的合欢山区，借助无数桥梁隧道，穿山越岭，辗转绵延约300km。园区内的主要岩石类型为大理岩，是由2亿多年前的生物灰岩变质而成，园区内断裂发育，太鲁阁大峡谷就是河水沿断裂侵蚀而成。高山峻岭中还保留了许多冰河时期的孑遗生物，如山椒鱼等。

台湾太鲁阁大峡谷是研究观察河流地貌的最好场所之一，河流的下切作用最主要控制因素是断裂和裂隙构造。此图显示的河谷整体走向呈直线状，明显受断层控制，两岸近直立。

与左图同一河谷的另一段，可以看出河水在下切的同时，也对两侧的岩壁进行侵蚀，因下切作用快速，在左岸留下了侧向侵蚀的遗迹。

受断裂构造、岩性和产状控制，下蚀与侧蚀同时进行中，产生了狭窄而倾斜的峡谷。

疏勒河

源于祁连山脉西侧的疏勒南山与陶赖南山的高山积雪、冰川融水和流域内的降水。从照片上可以看出此段的侵蚀作用极为强烈，两岸崩塌、侧蚀严重，极少有稳定的沉积物堆积的情况。河床两侧有多个高低不同的平台，地质学中称为河流阶地，是地壳快速上升、河流强烈下蚀的标志。

下蚀与侧蚀

崩塌与阶地

龙门山泯江

龙门山正处于上升期，江水的下切作用依然十分强烈，因此河谷的断面呈明显的“V”形。上图中的水位较深，是因为下游有20世纪初地震导致的堰塞坝，使此段江水流速变缓。

叠溪“V”形谷

三级河流阶地，为河床3次间断抬升的证据。说明龙门山地区的构造抬升还相当强烈。

叠溪附近“V”形谷上游——河流阶地

西藏尼洋河

西藏林芝地区尼洋河流域两段典型的地貌。上图为尼洋河中游，山势险峻，落差较大，水流湍急，对河床和两侧河岸的侵蚀作用强烈，河岸崩塌严重，河流的截面为“V”形。河谷中间的块状巨石受节理切割，棱角明显。

下图为尼洋河下游，河谷宽缓，河水流速变慢，主河道的截面呈“U”形。

中流砥柱

河南云台山

河南云台山中的峡谷地貌，两侧为寒武系石灰岩

北京永定河

北京境内的永定河中游地貌景观。在珍珠湖水库修建前，这里为“V”形深切峡谷。由于人工景观的干预，现在此段河流的侵蚀作用急剧减弱。

台湾宜兰大峡谷

1999年9月21日凌晨，台湾中部的南投县集集镇发生了里氏7.6级地震，震源深度8km，震中坐标为：北纬23.87°、东经120.78°。集集大地震起因于车笼埔断层的剧烈活动，地震在地表造成长达105km的破裂带，台湾全岛均感受到严重摇晃，共持续102秒，造成2400余人死亡，给台湾人民带来巨大灾难。

河床及上面的砾石堆

在台中市东势区与苗栗卓兰镇交界的大安溪，原本为平缓的溪流河谷，在集集地震后被断层错断为两截，上游河床抬升近10m，瞬间与下游河床形成了有10m落差的瀑布。台湾地区多暴雨，断层上游方向的河床因而更易受河流切割侵蚀，只用了10年多一点的时间便形成近300余米长、近10m深的大峡谷。

四边形风化裂纹

形形色色的瀑布

河水流过断崖或陡立的河床时倾泻下来的水流称为瀑布。断崖或陡立的河床既可以是断层引起，也可以由软硬不同的岩石在水流的强烈侵蚀下形成，还可以由火山喷发物或滑坡堵塞河道而形成。

河流经过软硬不同的岩层时，由于硬岩层抗水蚀能力强，河水会沿着软岩层向下侵蚀，使河床产生陡坎。陡坎的存在，使垂直下降的水流产生侵蚀力更强的涡流，久而久之小型陡坎演化成规模较大的断崖。

落差大的瀑布水流有极强的冲击破坏力，瀑布下方的岩石在强烈的水流冲击、涡流的掏蚀以及水体中岩石碎屑的磨蚀作用下被掏空，继而引起上方的岩石崩塌，造成瀑布后退。瀑布的连续后退则形成壮观的峡谷。

地壳运动使河床断裂，产生差异性升降，会在短时间内形成瀑布或瀑布群。例如 1999 年 9 月 21 日台湾集集地震把平缓的大安溪河床错断为两截，瞬间产生了 10m 左右的断崖和瀑布。流经贵州西南部的白水河因为地壳运动产生多级断裂，形成了 9 级瀑布群，共有地面瀑布 18 处，地下瀑布 4 处，黄果树瀑布是其中规模最大者，落差约 70m，瀑布在盈水期宽 81m。

地震等原因造成的山体滑坡会在极短时间内阻塞河道，形成堰塞湖，之后河水漫溢也可形成瀑布。火山喷发之后，火山口汇集雨水，水满溢出可形成火山口型瀑布，长白山天池北侧的瀑布是典型实例。火山喷发的岩浆堵塞河道形成堰塞湖，河水从堰塞坝上溢出也可形成瀑布。

黑龙江五大连池和镜泊湖都有这种成因的瀑布。1720—1721 年间两次火山喷发分别形成了老黑山和火烧山，喷出的熔岩分段堵塞了乌德林河，形成五个串珠状湖泊。

在黑龙江东南部宁安市境内的镜泊湖是 4800 年以前数次火山喷发的熔岩堵塞牡丹江后形成的堰塞湖。在镜泊湖出口处形成了壮观的瀑布——吊水楼瀑布。

瀑布还可以形成于冰川悬谷处、断块山周边的悬崖绝壁等部位。

中国的地质地貌复杂多样，河湖资源众多，有许多著名的瀑布，如壶口瀑布、黄果树瀑布、镜泊湖瀑布等，还有广西德天瀑布、庐山三叠泉瀑布、黄山九龙瀑布、雁荡山大龙湫瀑布等。

黄果树瀑布—王从彦摄

冬季的五大连池瀑布（照片来源：五大连池世界地质公园管理委员会）

尼亚加拉瀑布群

尼亚加拉瀑布群之马蹄瀑布—Ujjwal Kumar 摄

尼亚加拉瀑布群之美利坚瀑布—陈永金摄

壶口瀑布

位于山西、陕西两省交界的黄河壶口瀑布，发育在大约 2 亿多年前形成的厚层砂岩为主的地层中，厚层砂岩硬度较大，中间夹有岩性较软的薄层粉砂岩和泥页岩。冲破黄土高原的重重阻隔，饱含着大量泥砂的黄河水，对河床的侵蚀力远超一般的河水。当黄河水经过壶口地区这种硬岩与软岩交互出现的地层时，强烈的侵蚀作用使软岩迅速凹进，抗侵蚀力较强的硬岩则相对凸出，这种差异性侵蚀形成了特色的交错状陡崖，这是形成壶口瀑布的物质因素和水动力因素。

受地壳运动的影响，壶口地区的地层中产有两组垂直地面的节理，一组走向近南北，它控制了黄河的走向和壶口瀑布总体的延伸方向。另一组节理走向近东西。两组节理以及岩层的天然层面把岩石切割分解成矩形岩块，使河水向下侵蚀变得更加容易。这是壶口瀑布形成的地质构造因素。

每年冬季，壶口地区气温骤降，黄河水以及岩石孔隙和裂隙中的水都会凝结成冰，体积增大 10%，这种现象称为“冻胀”。别小看这 10% 的体积胀大，对岩石的分解常起到关键作用。此外，季节性温度变化甚至每天的温度变化也会使岩石体积膨胀或收缩。这种常规的热胀冷缩与冻胀作用结合在一起，加剧了岩石的破碎风化过程。这是形成壶口瀑布的气候因素。

紧临壶口瀑布上游的黄河

壶穴

湍急的河水驱动岩屑或砂粒研磨基岩河床，在河床底部会形成大小不一、深浅不等、表面又比较光滑的圆形凹坑，地质学中称之为壶穴。

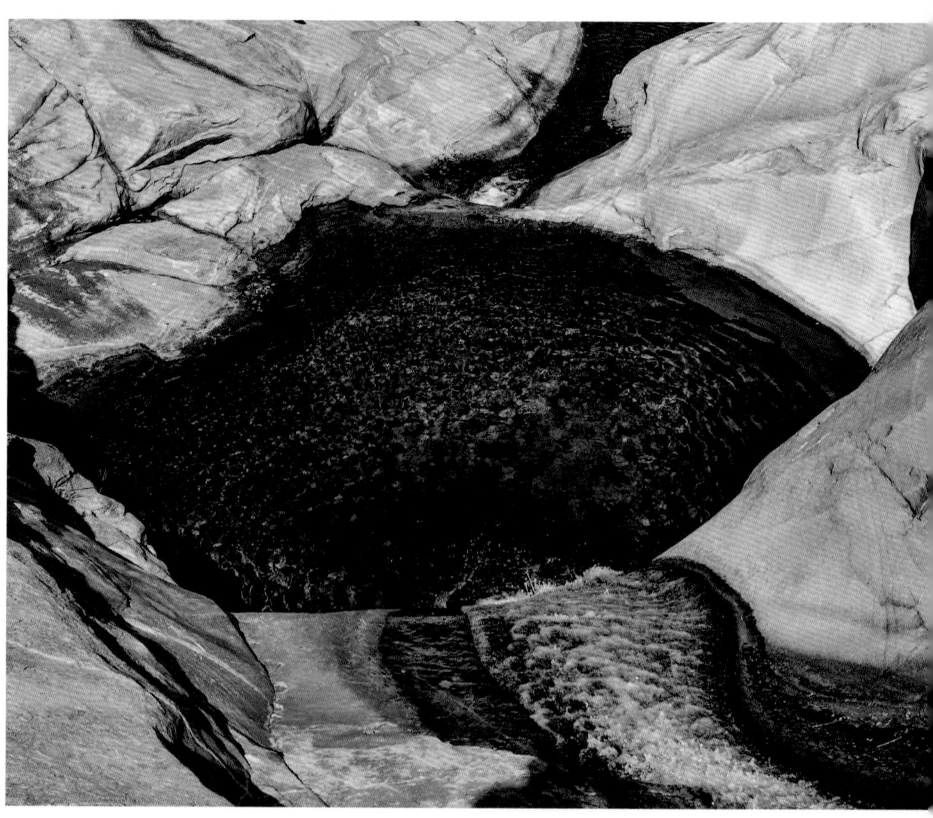

北京密云云蒙山花岗岩中的壶穴

广东丹霞山飞花水砂砾岩中的壶穴

北京西山永定河谷石灰岩中的壶穴

北京房山圣莲山景区内石灰岩中的壶穴

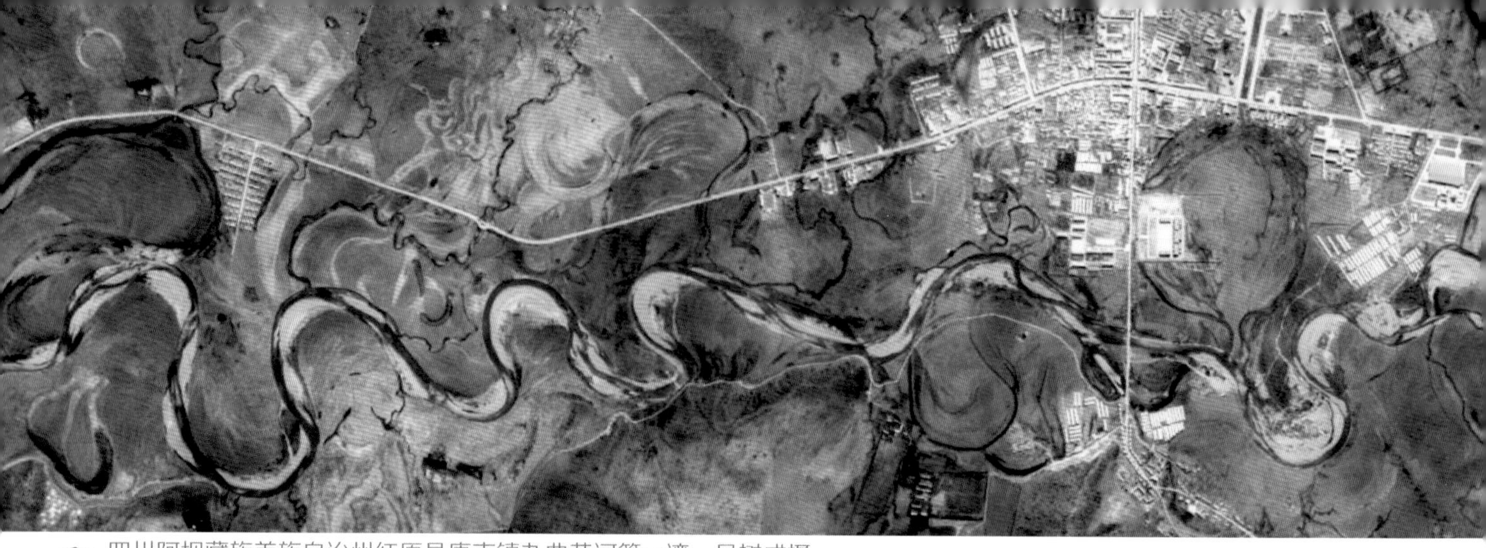

四川阿坝藏族羌族自治州红原县唐克镇九曲黄河第一湾—吴树成摄

河流的侧向侵蚀

河流会因为沿途的地形变化、岩性的变化以及断裂、褶皱的存在而产生弯曲。在弯曲的河段，向陆地方向凸出的河岸称为凸岸，向陆地方向凹进去的河岸称为凹岸。

在顺直的河流中，流速最快的水流位于中央。当河水流经弯曲河道时，最强水流因惯性会冲击其正前方的河岸，持续不断的侵蚀，使正前方河岸崩塌、凹进，自然就形成了凹岸。河流的弯曲程度越大，河水对凹岸的侵蚀力就越强。河水对凸岸的冲击远小于凹岸，河水在凹岸与凸岸之间的压力差使河水产生横向的环流，它把凹岸剥蚀崩塌的物质不断搬到凸岸，与此同时，河水从上游携带的沉积物也会在凸岸沉积。如此循环往复，凸岸持续向河流中心方向以及河流的前进方向生长，而凹岸不断崩塌，河床加宽，河流的曲率越来越大。

持续的河流侧蚀作用可以引起河岸的严重崩塌，甚至引起周边生态环境的巨变。

位于甘肃省白银市景泰县东南部龙湾村附近的黄河河段，受青藏高原持续隆升以及海原断裂的影响而发生强烈的下切和侧向侵蚀，附近有一片数十平方公里的强烈剥蚀区。多组不同方向、不同规模的断裂和节理，把老龙湾南侧的古近纪砂砾岩切割成大小不同的块体，在雨水冲刷和风的共同作用下，形成了数十米至 200 余米高、形态各异的石柱与绝壁，目前已经开辟为旅游区。目前，黄河对这一区域的侵蚀作用仍然十分强烈，沿黄河凹岸的崩塌随时都在发生。

黄河侧蚀—崩塌

景泰县黄河石林

景泰县黄河石林

湖泊地貌

陆地上的洼地积水而成的比较宽广的水域称为湖泊。常单独称为湖或泊，如鄱阳湖、罗布泊；又可称为海、潭、池、错、淖等，如洱海、日月潭、天池、纳木错等。湖泊有多种分类，按湖水的盐度可分为淡水湖、咸水湖和盐湖。按成因可分为构造湖、冰川湖、火山口湖、堰塞湖、岩溶湖、潟湖、风蚀湖、河成湖以及陨石撞击坑湖等。

地壳的差异性沉降或构造运动形成的盆地经潴水而成的湖泊称为构造湖。地壳的差异性沉降形成的湖泊实例有鄱阳湖、洞庭湖等；因为裂谷作用或断层作用形成的湖泊有贝加尔湖、青海湖、台湾日月潭等。

冰川的侵蚀作用会形成许多洼地，大规模的冰川融化后，洼地积水而形成的湖泊称为冰川湖。青藏高原有大量的湖泊是由冰川洼地演化而来，或者由构造运动与冰川活动共同造就而成。

火山喷发后，火山口往往坍塌下陷，形成洼地并积水，所形成的湖泊称为火山口湖，中朝边境的长白山天池就是著名的火山口湖。

因火山喷发或大型滑坡等造成的河道堵塞、河水水位升高而形成的湖泊称为堰塞湖，黑龙江的五大连池、镜泊湖以及泯江的叠溪都是著名的堰塞湖。

贝加尔湖：位于俄罗斯西伯利亚的东南部，湖面海拔456m，面积 3.15 万 km^2，与中国的海南岛面积相当。2500万年前，贝加尔裂谷带在地球上开始形成，地壳被缓缓撕裂拉开形成一狭长的洼地，周围的河水开始向洼地汇集。现在这个裂谷已经发育成长 640km、深 8 ~ 11km（其中湖水平均深度为 740m，最深 1700m，水下为沉积物）、平均宽48km 的庞然大物，地球表面 20% 的液态淡水资源汇集于此，总淡水量近 24 万亿 m^3，成为地球上最大的淡水湖。漫长的演化历史和巨大的淡水资源，使它拥有世界上种类最多和最稀有的淡水动植物资源。

贝加尔湖湖水异常清澈，透明度大于 40m。湖岸多为断层，岸线平直陡峻，接近湖岸的山体被湖岸断层切割，形成明显的断层三角面。

贝加尔湖（断层三角面、海蚀洞）

贝加尔湖（海蚀洞）

▼ **抚仙湖：**位于云南省中部，为一南北走向的山间盆地型湖泊，两边宽，中间窄，南北长 31km，东西最宽处约 10.5km，最窄处仅 3.5km，总面积 211km^2，湖面海拔 1723m，最大水深 159m，平均水深 95m，湖的东、西两岸均为断层控制，属于典型的深水断陷型高原湖泊。抚仙湖的北端有一个 40km^2 的小型平原。抚仙湖蓄水量为 206 亿 m^3，是国家一类饮用水源地。距澄江县城 5km，距离昆明市 70km。

◀ **青海湖：**位于青藏高原的东北，是中国境内最大的咸水湖，湖的四周被日月山、青海南山和大通山环绕，有接近 30 条不同规模的河流注入，湖的周长约为 360km。湖的东端距离西宁市约 90km，而最西端距离西宁市的直线距离约为 200km。

青海湖属于构造断陷湖，形成于 20 万年 ~ 200 万年前。由于气候干化、河流水量减少以及河水携带的沉积物的大量涌入，湖面在逐渐减少。从历史数据分析，从汉朝到现在，青海湖的长轴边界向内收缩了近 20km。1908 年俄国探险家柯兹洛夫首次对青海湖进行了系统的科学观测，当时的面积为 4980km^2，湖面海拔 3205m。1957 年青海湖的面积是 4568km^2，2005 年青海湖的面积为 4237km^2，为历史最低值。最近几年，青海湖的面积略有增加，至 2013 年 8 月，青海湖的面积已经达到 4337km^2，湖水容积 739 亿 m^3，目前青海湖的湖面海拔为 3198m。

▼ **日月潭：**位于台湾岛正中，潭的北界与台湾地理中心点只有 15km。日月潭的前身是天然成因的日潭与月潭，是由山间的断陷盆地演化而成。在日本统治时期修建了水电站，水位上升，日潭与月潭合二为一，成为现今的日月潭。因此，日月潭已经不是纯天然成因的湖泊。目前的日月潭湖面海拔 748m，为高山湖泊。水面面积约 8km^2，最大水深 27m，周长 37km。

姐妹湖：G318 国道理塘至马塘县中间，又称双子湖。为古冰川侵蚀洼地潴水而成，为典型的冰川湖。两湖沿同一沟谷分布，中间被冰水堆积物阻隔，距离小于 400m，湖面海拔分别为 4489m 和 4484m。

吴树成摄

长白山天池：位于一大型复合式火山的顶部，由多期火山活动形成。最早的火山岩浆活动始于 270 万年前，而最近的火山喷发距今只有 800 年，是一座休眠火山，火山机构中有岩浆房，火山地震频繁，温泉发育，被认为是高危险火山。火山口多年积水成湖，湖面海拔 2190m，南北长 4.3km、东西宽 2.3km。湖水深 200 余米，蓄水量大于 20 亿 m^3。天池水夏季湛蓝，冬季结冰，水满则从天豁峰和观日峰间溢出形成长白瀑布。

吴才来摄

巴松错：源于藏语，意思是绿色之水。巴松错下游出口为错高村，因此又称为错高湖。巴松错为典型的堰塞湖，地震引起的滑坡和泥石流自错高村起堵塞了巴河的河道，使上游水位上升形成现在的巴松错。湖面海拔 3469m，总面积 26km^2，是藏东地区最大的堰塞湖，自错高村向下游近 20km 的山谷中有大量泥石流堆积物。

吴树成摄

察尔汗盐湖：极干旱环境下，内陆湖泊的蒸发量远大于补给量，当湖水的含盐量（矿化度）大于 35g/L 时，即变成盐湖，柴达木盆地有大小不等的盐湖 20 多个，其中最著名的察尔汗盐湖，其位于柴达木盆地南部，东西长约 160km，南北宽 20~40km，总面积约 5800km^2，盐层厚 2~20m，氯化钠、氯化钾等无机盐的总资源量达 600 多亿吨，中国最大的钾肥厂就位于察尔汗盐湖。敦煌—格尔木公路以及青藏铁路均从察尔汗盐湖上经过。

百万年前星地大碰撞（Bosomtwe 陨石坑湖）

107 万年以前的某一天，一颗直径约 500m 的陨石从西非加纳的 Bosomtwe 湖上空以每秒 20~30km 的速度与地球相撞，几秒钟内释放了大量能量，数立方公里的岩石瞬间被粉碎、熔化甚至蒸发，形成了典型的撞击熔岩和砾岩，陨石在撞击的同时也被彻底粉碎。因陨石撞击形成的玻陨石被抛到 1000km 以外的象牙海岸和大西洋深海。

陨石的撞击和爆炸产生了直径 10.5km、最深 750m 的陨石坑，经过漫长的雨水汇集形成了现在直径 8km、平均深度 45m、最大深度 81m 的 Bosomtwe 湖。陨石撞击使这里及周围的生物几乎在一瞬间全部毁灭，经过漫长时间的冷却后，生态才又慢慢恢复。

Bosomtwe 湖畔的原住民—李小强摄

Bosomtwe 湖正在进行的科学钻探—李小强摄

从陨石撞击时的混沌状态至现在鸟语花香、风光旖旎的旅游胜地，Bosomtwe 湖经历了整整 100 万年。陨石坑中的沉积物保留了百万年来的气候变化记录，也就是说，近百万年间地球上发生的许多变化可在湖底的沉积物中找到相应的证据。

多年来，德国、美国、加拿大等国的科学家联合加纳本土的科学家对 Bosomtwe 湖进行了多项研究。科学家采用专门研制的湖泊钻探船，对湖底沉积物进行了系统、全面的取样和详细深入的多学科研究。

青海坎布拉丹霞公园藏民村落　山区被风化剥蚀的产物被洪水带出山谷，会因为流速骤然降低而在山口处堆积下来，堆积体往往呈扇状，称洪积扇，在干旱或半干旱山区最为常见。在生存空间极为狭小的高原山区，许多村庄和农田坐落在大型的洪积扇上。

黄河入海口　河流不仅对地表有极强的侵蚀作用，也具有极强的传输能力。当河水携带沉积物注入湖泊或海洋时，在入海（湖）口也会形成扇状堆积，称为三角洲。例如，黄河每年携带大约 12 亿 t 泥砂注入渤海，平均每年造陆 30km^2 以上。

博斯腾湖中的波痕　河水携带的泥砂注入到湖中或海中后，会受水流和地形的影响而形成不同形态的沉积构造，上图为新疆博斯腾湖中松散的泥砂形成的波痕。

博斯腾湖附近的泥裂　干旱环境下，水体中的泥砂露出地表，会因缩水而形成泥裂。

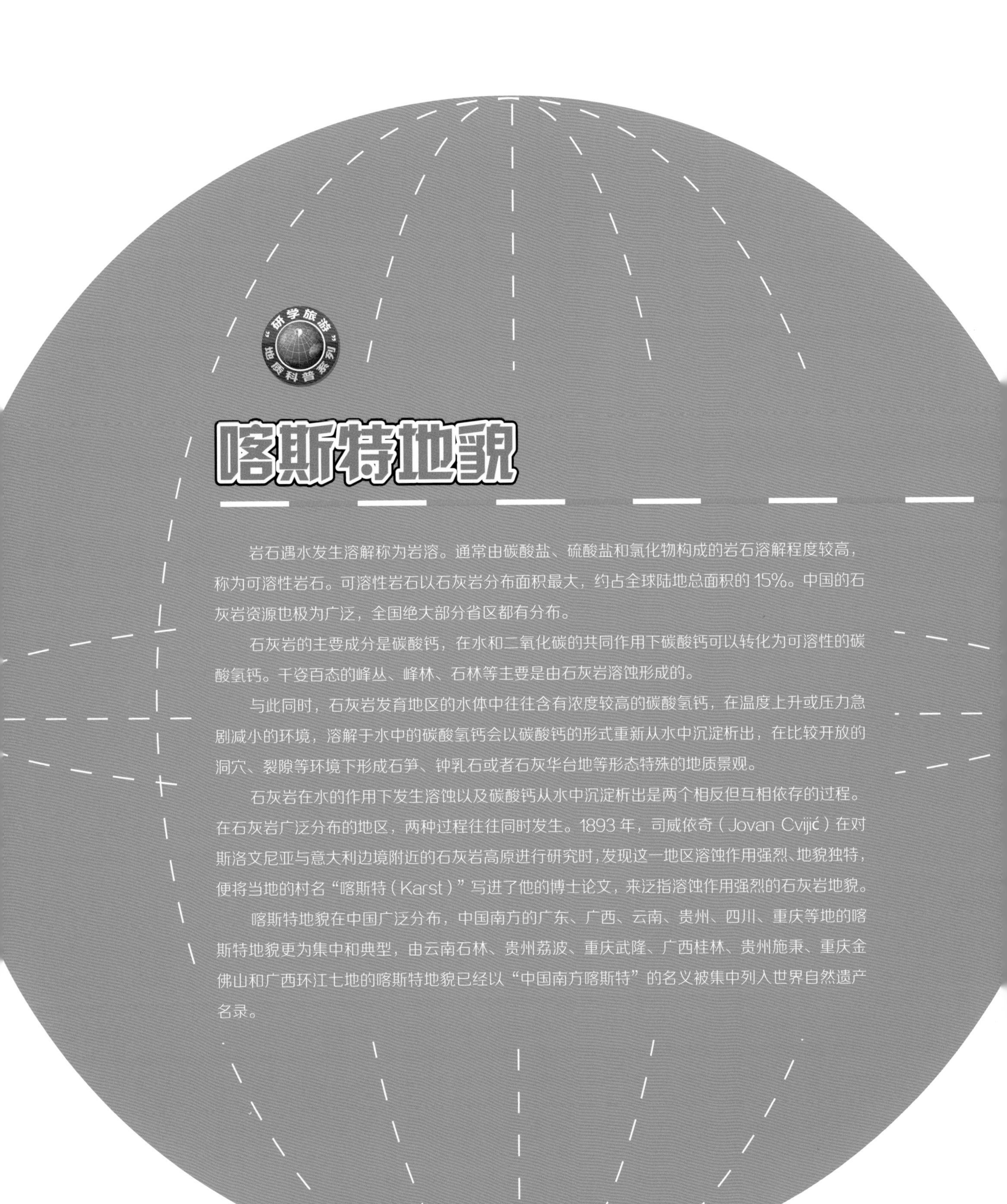

喀斯特地貌

岩石遇水发生溶解称为岩溶。通常由碳酸盐、硫酸盐和氯化物构成的岩石溶解程度较高，称为可溶性岩石。可溶性岩石以石灰岩分布面积最大，约占全球陆地总面积的15%。中国的石灰岩资源也极为广泛，全国绝大部分省区都有分布。

石灰岩的主要成分是碳酸钙，在水和二氧化碳的共同作用下碳酸钙可以转化为可溶性的碳酸氢钙。千姿百态的峰丛、峰林、石林等主要是由石灰岩溶蚀形成的。

与此同时，石灰岩发育地区的水体中往往含有浓度较高的碳酸氢钙，在温度上升或压力急剧减小的环境，溶解于水中的碳酸氢钙会以碳酸钙的形式重新从水中沉淀析出，在比较开放的洞穴、裂隙等环境下形成石笋、钟乳石或者石灰华台地等形态特殊的地质景观。

石灰岩在水的作用下发生溶蚀以及碳酸钙从水中沉淀析出是两个相反但互相依存的过程。在石灰岩广泛分布的地区，两种过程往往同时发生。1893年，司威依奇（Jovan Cvijić）在对斯洛文尼亚与意大利边境附近的石灰岩高原进行研究时，发现这一地区溶蚀作用强烈、地貌独特，便将当地的村名“喀斯特（Karst）”写进了他的博士论文，来泛指溶蚀作用强烈的石灰岩地貌。

喀斯特地貌在中国广泛分布，中国南方的广东、广西、云南、贵州、四川、重庆等地的喀斯特地貌更为集中和典型，由云南石林、贵州荔波、重庆武隆、广西桂林、贵州施秉、重庆金佛山和广西环江七地的喀斯特地貌已经以“中国南方喀斯特”的名义被集中列入世界自然遗产名录。

峰林与峰丛

峰林与峰丛是重要的喀斯特地貌类型。由多个锥状或塔状的石灰岩山峰组成，单个山峰的相对高差一般大于 100m，坡度一般大于 45°。多个石灰岩山峰分散或成群出现在平地上，远望如林，称为石林。两个或多个底部联为一体的石灰岩山峰称为峰丛。峰林与峰丛广泛分布在中国南方喀斯特地区，其中典型实例有广西桂林和贵州兴义。

桂林永福金鸡河水库峰林—方丽莹摄

桂林奇峰镇峰林—方丽莹摄

桂林漓江沿岸的石灰岩山峰与岩洞（下方的黑色区域）

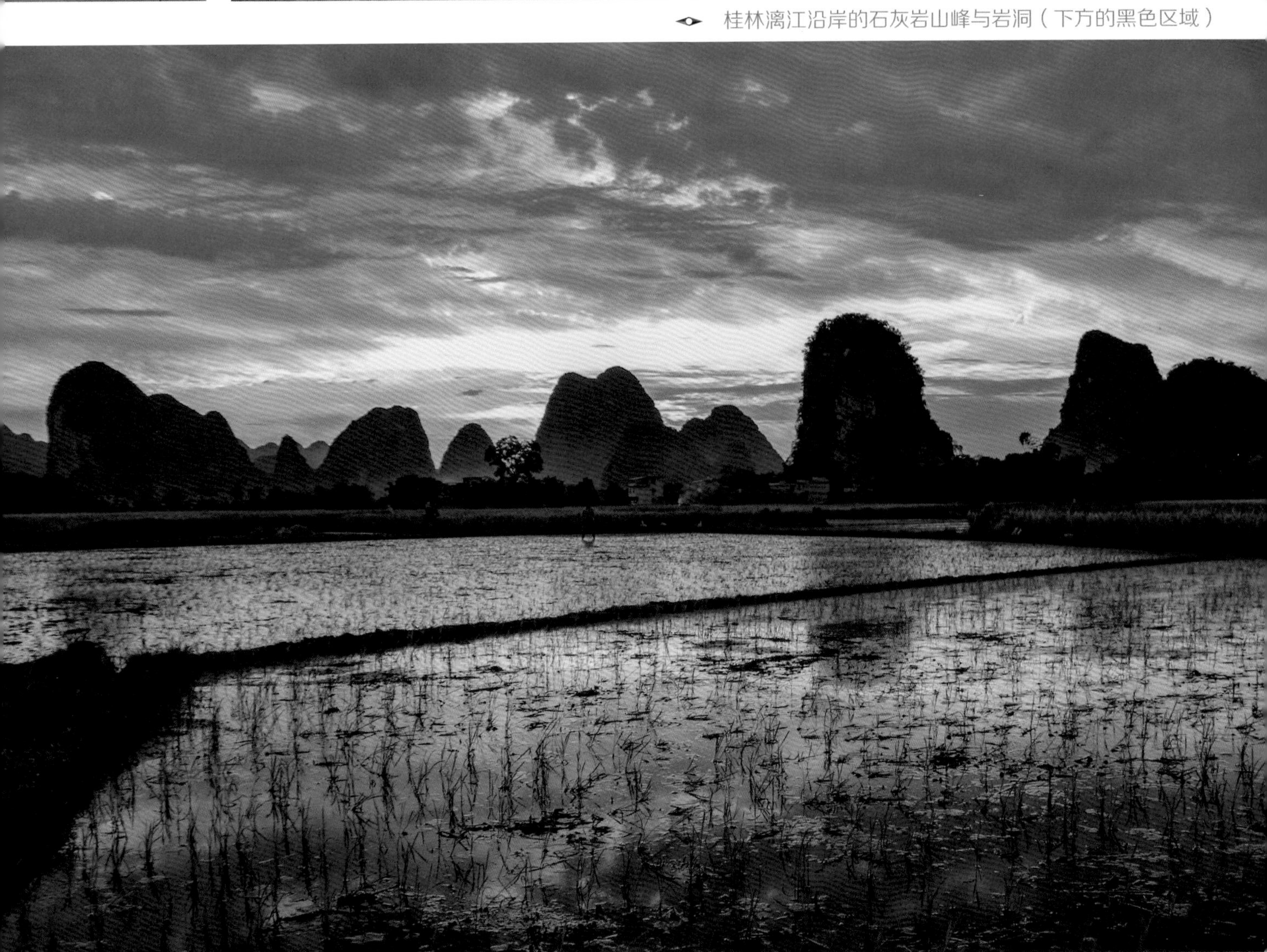

桂林会仙峰林—方丽莹摄

桂林奇峰镇峰林——方丽莹摄

河水的冲蚀和溶蚀

石灰岩地区除了化学溶蚀作用以外，一般都伴有地表水和地下水的强烈冲蚀和构造作用的参与，因此喀斯特地貌既可形成于地表，也可形成于地下，形态异常复杂。经常见到地上的石灰岩山峰与地下溶洞共生一处。桂林著名的喀斯特景观象鼻山即是在溶蚀、冲蚀、水位下降以及重力崩塌的共同作用下形成的穿洞。

漓江沿岸的石灰岩溶蚀受水位和节理控制

漓江沿岸石灰岩的溶蚀

节理促进了石灰岩的溶蚀

桂林象鼻山—方丽莹摄

云南石林

石林是喀斯特地貌的另一重要类型，是由林立的锥柱状、椎状和塔状石灰岩岩体密集组合在一起构成的景观，以云南的路南石林和乃古石林最为典型。石林相对高度一般 20m 左右，最高者可达 50m。

埋藏在地下且水平的巨厚层石灰岩被两组与地面近乎垂直的节理切割成棋盘状岩块，富含 CO_2 的渗流水沿节理裂隙进行溶蚀，使岩石块体之间的空间加大，干湿交替的古气候以及地壳阶段性抬升，缓慢下降的地下水使岩块之间的裂隙持续展宽和加深，岩块逐渐变成岩柱。随着侵蚀作用的加剧和地壳的抬升，石灰岩上覆盖的土层被水流带走，埋藏在地下的岩柱暴露于地表，并受到地表水和地下水的“双重剥蚀”，进一步发育形成上尖下粗的椎状或塔状岩柱。岩柱坡壁上有大量的溶沟，溶沟间的岩石薄如刀刃，十分锋利。只有在稳定隆升的构造环境下，石林才可以形成并不断长高。

构成路南石林的岩石为质纯灰岩，成分单一，几乎全由方解石组成，岩石的颜色干净，新鲜面主要呈灰白色。而乃古石林的岩石除了含有方解石外，还含有一定量的白云石和燧石等，风化后的颜色为黑色，乃古石林就是黑色石林的意思。

石灰岩柱与溶沟

石灰岩柱与溶沟

阿诗玛

崩塌的石灰岩柱

石灰岩溶蚀形成的象形地貌——维妙维肖的两只小鸟

石灰岩柱与溶沟

云南乃古石林

云南乃古石林

重庆武隆

天坑、地缝、天生桥

喀斯特地区因溶蚀、崩塌发育，常形成低洼的地形。通常把形似漏斗的石灰岩洼地称为喀斯特漏斗，主要由溶洞顶板塌陷形成，亦有因地表水沿着节理裂隙溶蚀而成。一般直径在几米至几百米，深几米或几百米。直径和深度均大于 50m 的大型的漏斗亦被称为天坑。当地下河与溶洞的顶板崩塌后，横跨沟谷的残留顶板称为天生桥，其两端与地面连接，中间悬空而呈桥状。喀斯特地区的石灰岩易于溶蚀，在有构造抬升和裂隙发育的环境下，极易沿断裂或裂隙带形成宽度极小的地缝式喀斯特峡谷，构成一线天景观。

重庆武隆天生三桥景区在不足 1.2 km 范围内，有三座天然石拱桥，其中青龙桥高 281m，桥厚 168m，宽 124m，平均拱高 103m，平均跨度 31m。黑龙桥高 223m，桥厚 107m，宽 193m，平均拱高 116m，平均跨度 28m。天龙天坑口部直径 522m，面积 19 万 m^2，最大深度 276m，属于塌陷型天坑，是由于地下的水溶性碳酸盐岩被溶蚀之后，形成崩塌，崩塌物长期被水溶蚀搬运，直到整个地下空间露出地表，形成天坑。

重庆武隆天坑、地缝、天生桥

重庆武隆：天坑、地缝

重庆武隆：地缝外围的瀑布

重庆武隆：夹在峡谷缝中的崩积岩块

重庆武隆：龙水峡地缝外围

云南石林：古落水洞

桂林七星岩：地下洞口

桂林七星岩：残留的古穿洞

北方的喀斯特地貌

喀斯特地貌在中国北方的石灰岩地区也十分发育，由于气候比较干旱，峰丛、峰林、石林地貌相对比较少，地表多为峡谷地貌，也有残存的穿洞等。地下溶洞在北方的石灰岩地区多有发现，比较典型的有北京的石花洞和辽宁的本溪水洞等。

北京房山：芦子水穿洞

北京延庆：岩洞

北京门头沟：喀斯特峡谷

北京门头沟：喀斯特峡谷

河北野三坡：喀斯特峡谷

河北野三坡：天生桥

奇异的钙华景观

石灰岩的主要成分是碳酸钙，在水和二氧化碳的共同作用下碳酸钙可以转化为可溶性的碳酸氢钙。可以用化学方程式简单表述如下：$CaCO_3 + H_2O + CO_2 = Ca(HCO_3)_2$。这个过程是可逆的，在适当的物理化学条件下，特别是当水的温度升高时，水中的 CO_2 会迅速逃逸，使富含钙离子的岩溶水发生沉淀形成钙华。

美国西部的梦纳湖（Mono Lake）是一个火山喷发后火山中心塌陷形成的火山口湖。自火山湖形成至今数十万年来，周围的河水携带着从土壤中溶解的矿物质不断汇入湖中，湖水越来越咸，碱性越来越大。现在的盐度是大洋海水的 2.5 倍，碱度是大洋海水的 80 倍。

湖底下的岩浆尚未完全冷却，还在源源不断向湖中提供热量。湖水中 CO_2 受热逸出，钙离子便发生沉淀，日积月累便在湖底形成了大量的钙华柱或泉华柱。20 世纪中期，为解决城市供水而修建的水利设施阻断了湖水的来源，造成湖面水位下降，使这些随着湖水生长的泉华柱露出水面，成为耸立在湖泊中的石柱。这种石柱被当地的印第安人称为 Tufa。

四川西北高原岷山主峰雪宝顶至涪江的源流——涪源桥，有一条 7.5km 长的缓坡沟谷。距沟口 3.5km、海拔 3578m 处有富含钙离子的重碳酸盐型泉水，复杂的地质作用使泉水中含有大量的钙和 CO_2。当泉水涌到地表后，CO_2 很快逃逸，碳酸钙便顺着 3.5km 长的溪水迅速沉积，形成了边石坝、滩华和瀑华等形态各异的钙华沉积。最大的钙华滩长 1300m，最宽 170m；彩池数多达 3400 余个；边石坝最高达 7.2m。黄龙沟由此而得名。

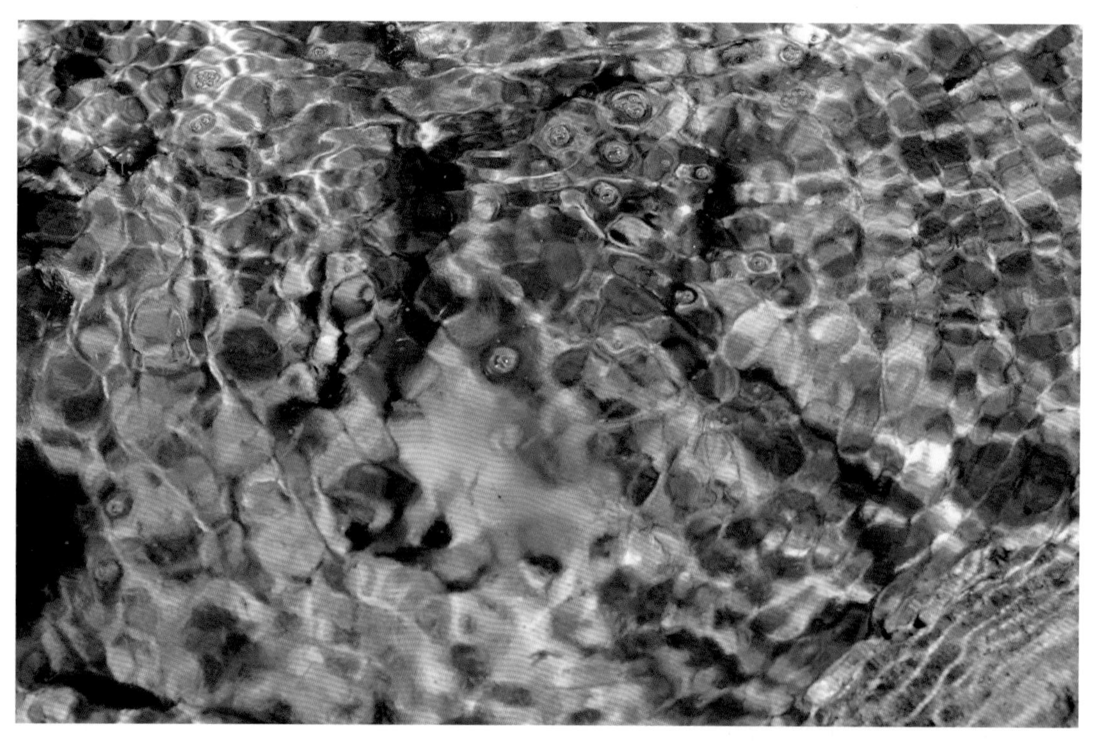

气泡是湖水受下边尚未冷却的岩浆加热而逸出的二氧化碳气体，钙华就是这样形成的

梦纳湖底生长的钙华

黄龙"聚宝盆"—吴和政摄

桂林七星岩溶洞

当地壳上升，地下水面下降，喀斯特洞穴脱离地下水位，形成干溶洞。自溶洞顶部向下次生的一种以碳酸钙为主的沉淀，开始只成为一小突起附在洞顶，以后逐渐增长，形成具有同心圆状结构的空管，因状如钟乳，故称钟乳石。当洞顶的水滴落到底板后，形成由下而上增长的碳酸钙沉淀，形如笋状，称为石笋。如果钟乳石往下长，与对应的下方的石笋相连接后便形成石柱。不同的溶洞形成的钟乳石、石笋和石柱等千差万别。

桂林的七星岩原是距今 100 万年的一段古河道。洞分 3 层：上层高于中层 8 ~ 12m 残留的痕迹尚可辨认；下层距中层 1 ~ 10m，是仍在发育的地下河道；现供游览的是中层。中层长 1100m，最高 27m，最宽 50m。

“研学旅游”
地质科普系列

北京房山石花洞

石花洞园区有各类岩溶洞穴 30 余个，分布在大石河沿岸。洞穴位于距今 4.9 亿 ~ 4.5 亿年间形成的石灰岩中，其中最著名的是石花洞和银狐洞。洞穴是在距今十几万年前开始形成的，是中国北方温带气候条件下岩溶洞穴的典型代表。洞穴内次生化学沉积物千姿百态，堪称溶洞的艺术殿堂。

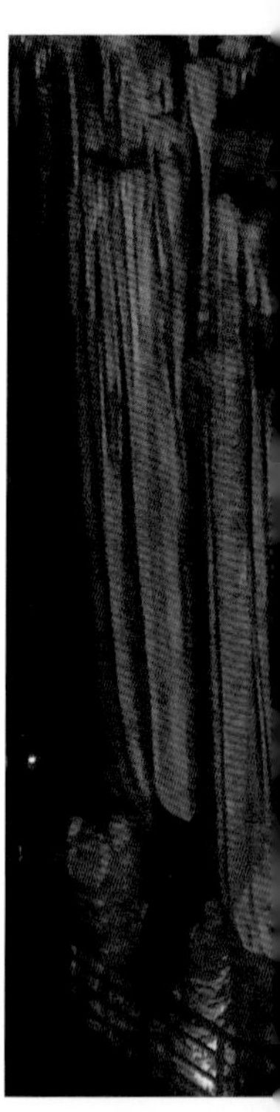

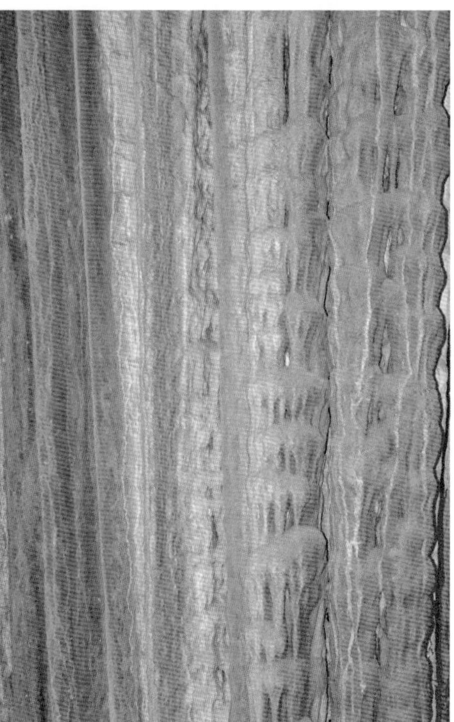

海岸地貌

地球上最大的地貌单元是海洋和大陆，而海岸是这两大地貌单元的结合部位。海岸的形态受地球的构造运动、海水的动力变化、大气环流和生物作用等多种因素控制，在它们的共同作用下形成的各种地貌总称为海岸地貌，因此海岸地貌也是分布最为广泛、类型最为复杂的地貌。其中，对海岸地貌影响最直接的因素是海水的作用。

海水以波浪、潮汐和海流等运动形式长年累月对海岸进行冲撞、拍打，同时波浪携带碎石、砂粒反复对海底进行磨蚀，使海岸遭到破坏侵蚀，形成海蚀崖、海蚀平台、海蚀洞、海蚀柱等海蚀地貌。除了对海岸的直接冲击外，海水还可对可溶性岩石进行溶蚀，形成海岸喀斯特地貌。

海水有极强的搬运和堆积能力，被海水侵蚀的岩屑、砂石以及被陆地河流带到海中的砂泥均会在海浪的作用下在特定的场所堆积下来，形成海滩、沙堤、水下堆积阶地等海积地貌。

海蚀作用与搬运和海积作用几乎是同时发生的，所以我们能够看到许多壮美的海蚀崖与美丽的沙滩完美地结合在一起。

澳大利亚坎贝尔港国家公园海蚀崖与海蚀柱

墨尔本“十二使徒石 (Twelve Apostles)” 是澳大利亚坎贝尔港国家公园 (Port Campbell National Park) 的核心景点，海岸带的石灰岩被两组垂直节理切割。海浪的持续侵蚀，使海岸线呈港湾状、圆弧状等不规则形态，在海蚀平台上遗留下一系列高 50m 左右的巨型海蚀柱或石灰岩墙，其中有 9 个大型的海蚀柱，为吸引游客，称为十二门徒石。2005 年 7 月一巨型海石柱崩塌，现剩余 8 个。卫星照片显示的是 2008 年和 2014 年同一地点的海岸地貌，注意对比上下图的箭头位置，许多 2008 年还存在的小型岩柱已经被海浪打断。

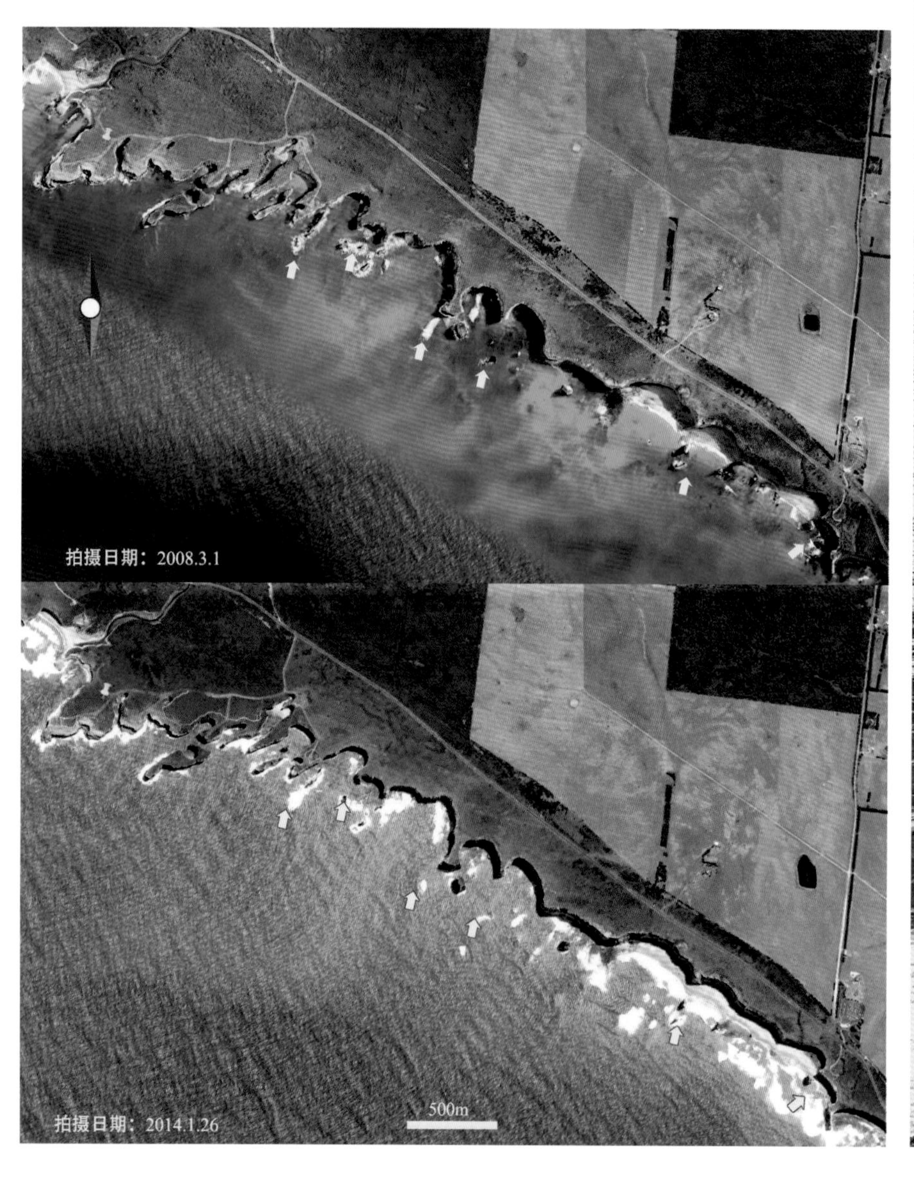

澳大利亚“十二门徒石”海蚀柱—黄智勇摄（2007.9）

台湾野柳公园海蚀地貌

野柳公园位于台湾岛东北侧台北县万里乡野柳村，是大屯山系突出至海中的岬角，此处的岩石主要为砂岩，岩层向南东方向倾斜，倾角 25° 左右。倾斜的岩层有利于消减来自南东方向海浪的能量，因此在岬角南东方向不易形成陡崖等海蚀地貌。但是在岬角北西侧，倾斜的岩层恰好使得风浪的破坏作用发挥到极致，因此形成了极有代表性的海蚀崖、海蚀平台。这片砂岩上还发育了两组大型节理，走向分别为北西和北东，节理的规模之大，在卫星照片上清晰可见。两组节理把砂岩切成规整的岩块，极利于风化作用的发生。海蚀平台上密布的奇岩怪石就是风化作用与海蚀作用的共同产物。

海蚀平台上维妙维肖的女王头像，为海蚀与风化作用的共同产物—苏祺摄

野柳海蚀平台上的奇岩怪石—苏祺摄

野柳海蚀崖与海蚀平台，受岩层的产状影响，海蚀作用只在一侧强烈—苏祺摄

台湾肯丁海蚀地貌，海岸线已经被侵蚀成小的港湾状—苏祺摄

肯丁公园海岸地貌

差异风化作用使砂岩产生棋盘状风化裂隙和大量的小型蜂窝状洞穴。岩石表面形态变化多样——有的形似海螺，有的状如牛头，有的像一群企鹅，有的又像巨大的鱼头。

大海螺

大牛头

企鹅群

大鱼头

差异风化作用使砂岩产生大量的小型蜂窝状洞穴

海水的强烈冲蚀形成的海蚀洞

海蚀平台由砂岩和珊瑚礁混合而成，差异风化作用使砂岩产生多边形风化裂隙和大量的小型蜂窝状洞穴

差异风化和溶蚀作用共同产生的洞穴—彭华摄

海蚀平台，平台中的砂岩在差异风化作用下产生大量的小型蜂窝状洞穴

海蚀崖及坡积裙，以及不毛之地的低等植物

正在崩塌的海岸

山东灵山岛的海蚀崖以及海蚀平台

灵山岛位于青岛胶南市东南黄海近岸海域中，面积不足 8km^2，最高点海拔 513.6m，为仅次于台湾岛和海南岛的中国第三高岛。岛上出露的岩石主要为中生代沉积岩和火山岩：下部及海域中主要为早白垩世海相复理石，上部不整合覆盖的主要为白垩纪青山期火山岩。

海蚀崖以及海蚀平台上的各种岩石和构造

海蚀平台上出露的特殊褶皱

海滩和海蚀崖

海水对海岸的侵蚀作用与沉积作用往往是同时进行、密不可分的，在海岸逐渐被侵蚀的同时，原有的海滩也在扩大，新的海滩正在生成。

美国西部洛杉矶市的 Santa Monica 海滩，由海水不断侵蚀，海岸向后退却 280 ~ 300 m 后形成的沙滩，海蚀崖高约 20m。

美国西部 Santa Monica 海滩，海滩宽度 280 ~ 300m，沙滩边部为高约 20m 的海蚀崖

美国西部 Santa Monica 西的海滩

形形色色的海滩

海滩是平时人们接触最多的海岸地貌。海滩可分为砾石为主的砾滩、砂质为主的沙滩和泥质为主的泥滩。由于海岸周边的岩石成分、水体携带的物质来源、生物条件和气候条件的不同，各地的海滩经常各具特色。有的金黄，有的银白，有的翠绿，有的鲜红。

受海岸带地形和海浪的影响，海滩砂体会有多种聚焦形态。在较开阔的海滩会形成大型的长条状沙垄，小型的海滩经常形成细小的波纹状沙垄。在合适的条件下，这些美丽的沙垄可以被后期的沉积物覆盖并固结成岩石，沉积岩中的波痕构造就是类似的过程形成的。

美国西部圣芭芭拉海滩上的沙垄

青岛金沙滩上的波痕

青岛银沙滩，沙滩上的砂子主要来自周边片麻岩的风化，主要成分是石英和白云母，因此颜色较浅

青岛金沙滩，散落在沙滩边部的巨石

青岛金沙滩中的砂粒除了石英外，还有少量的肉红色长石和周边的火山岩岩屑，因此沙滩总体显黄色

美国加州西部卡梅尔海附近的银白色海滩，海滩砂来自周边的花岗岩，主要为纯净的石英颗粒和白云母，杂质极少

美国加州西部卡梅尔海附近植满绿草的海滩，这是含有人工改造成分的地貌，靠近海边的沙滩为白色的石英砂

中国盘锦的红海滩，红色物质为当地特有的碱蓬草聚集生长所形成—李学宽摄

泰国沙美岛　海滩中的砂成分主要为石英颗粒和少量的生物碎屑，石英颗粒来自于周边的花岗质岩石。

青岛崂山附近的沙滩及弯曲的海岸线　以美丽的海岸风光著称的青岛，海水越来越富营养化，海水水质越来越差，每到夏天，大型的海藻浒苔绿潮频频爆发，原本美丽的海滩堆满了绿色的浒苔。

青岛银沙滩上的浒苔

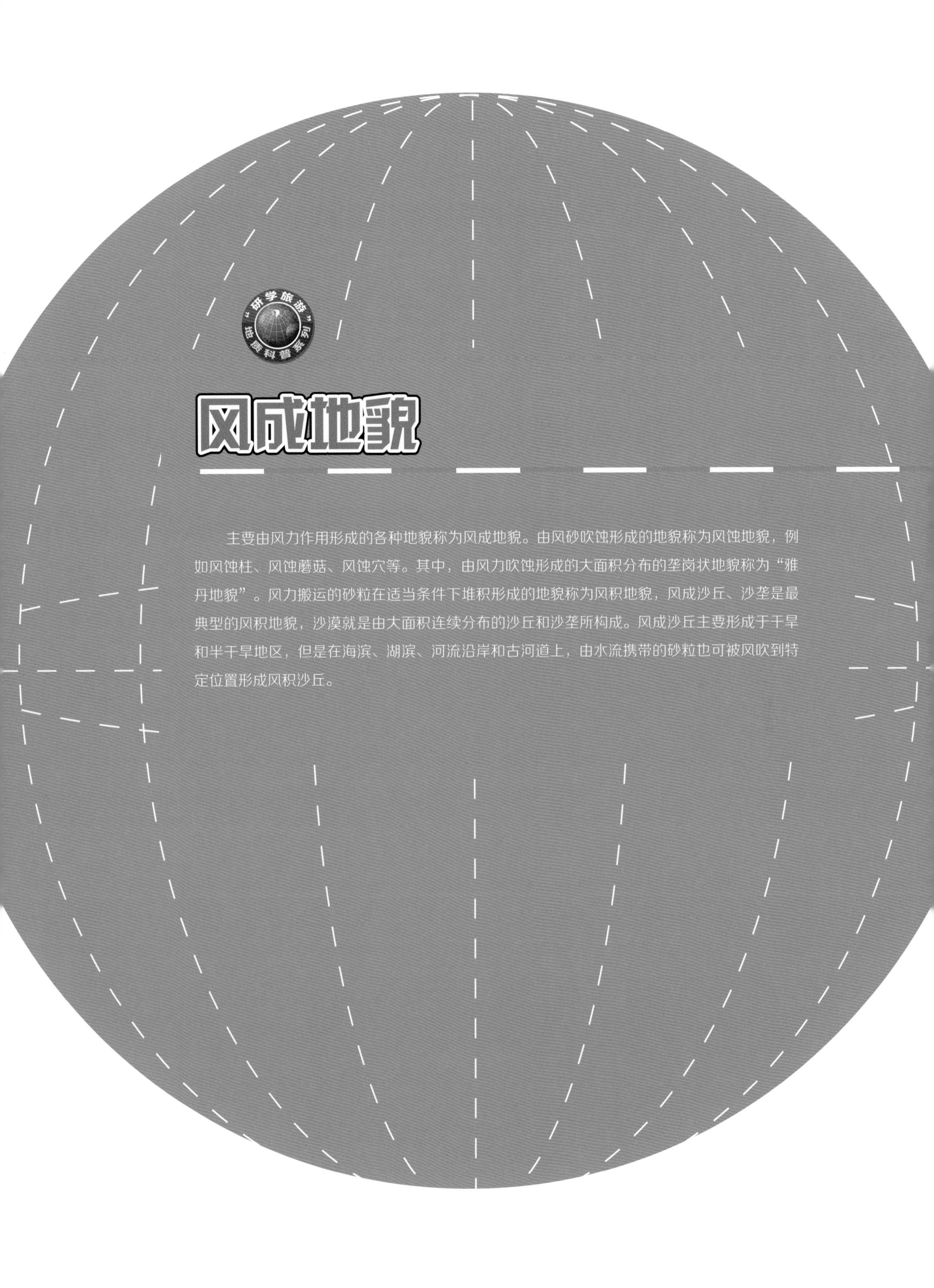

风成地貌

主要由风力作用形成的各种地貌称为风成地貌。由风砂吹蚀形成的地貌称为风蚀地貌，例如风蚀柱、风蚀蘑菇、风蚀穴等。其中，由风力吹蚀形成的大面积分布的垄岗状地貌称为"雅丹地貌"。风力搬运的砂粒在适当条件下堆积形成的地貌称为风积地貌，风成沙丘、沙垄是最典型的风积地貌，沙漠就是由大面积连续分布的沙丘和沙垄所构成。风成沙丘主要形成于干旱和半干旱地区，但是在海滨、湖滨、河流沿岸和古河道上，由水流携带的砂粒也可被风吹到特定位置形成风积沙丘。

风蚀地貌

风蚀地貌主要发育在干旱和半干旱地区，中国西北的沙漠、戈壁和黄土高原是典型的风蚀作用地区。风力的侵蚀表现在两个方面，一是强风本身就具有很强的动力对岩石进行直接的击打破坏，并且干燥环境下，强风通常携带大量的砂粒，可对岩石直接进行磨蚀；二是因其他原因风化崩解的岩石碎屑可被强风吹走，从而加速岩石的崩解风化过程。极端条件下形成的龙卷风或台风则可吹移巨大的石块。常见的风蚀地貌有风蚀柱、风蚀蘑菇、风蚀穴、风蚀洼地等。

甘肃玉门石油沟口的风蚀地貌，砾岩因风蚀作用和差异风化作用形成各种怪异的地貌景观，强风吹过时，会出现各种怪异的声响，因此被称为魔鬼城。西北地区许多魔鬼城都是类似成因

青海花土沟：形态各异的风蚀柱，有明显的节理切割的痕迹

新疆阿尔金：河流与风蚀蘑菇共生

风蚀蘑菇：中国甘肃

通常认为风蚀地貌是风蚀作用的产物，实际上这些所谓的风蚀地貌在形成过程中，还伴有强烈的因温差变化和岩性不均一导致的差异风化作用、因岩石中析出的盐引发的盐风化作用以及少量的阵发性的降水对岩石的冲蚀和溶蚀作用。

甘肃酒泉屈家口子和磁窑（祁连山）

甘肃酒泉屈家口子和磁窑（祁连山）

甘肃酒泉屈家口子和磁窑（祁连山）青稞地风化地貌

新疆和静县开都河附近的花岗岩（天山）

雅丹地貌

1899—1902 年，瑞典探险家斯文 · 赫定在中国的罗布荒漠中发现大面积河湖沉积物暴露地表，并被强风吹蚀形成独特的垄岗状残丘，当地的维吾尔人称之为“Yardang”（雅尔当）。1903 年，赫定在其出版的考查游记《中亚与西藏》一书中首次使用了 Yardang 一词，专指这种特殊的有规律排布的“垄岗状风蚀地貌群”。从此，Yardang 在英文地学文献中开始流行。由此可见，“雅丹地貌”是风蚀作用为主形成的垄岗状群体地貌，单独出现的风蚀柱、风蚀蘑菇不能称为雅丹地貌。

完全由风蚀作用形成的地貌几乎不存在。雅丹地貌形成过程中，风蚀作用是主因，但不是唯一的原因。除了地壳运动的因素外，阵发性的流水侵蚀作用、因昼夜温差变化和季节性温差变化引起的物理风化作用以及因岩石成分和结构不均一引起的差异风化作用都制约着雅丹地貌的形成。

风蚀残丘，拍摄于 2004 年敦煌雅丹国家地质公园，从其“底座”上可以看到平直的切割痕迹，这是由两组直交的节理切割的结果，也说明风蚀作用往往是在构造作用的基础上发生的

甘肃敦煌雅丹地貌

甘肃敦煌雅丹地貌

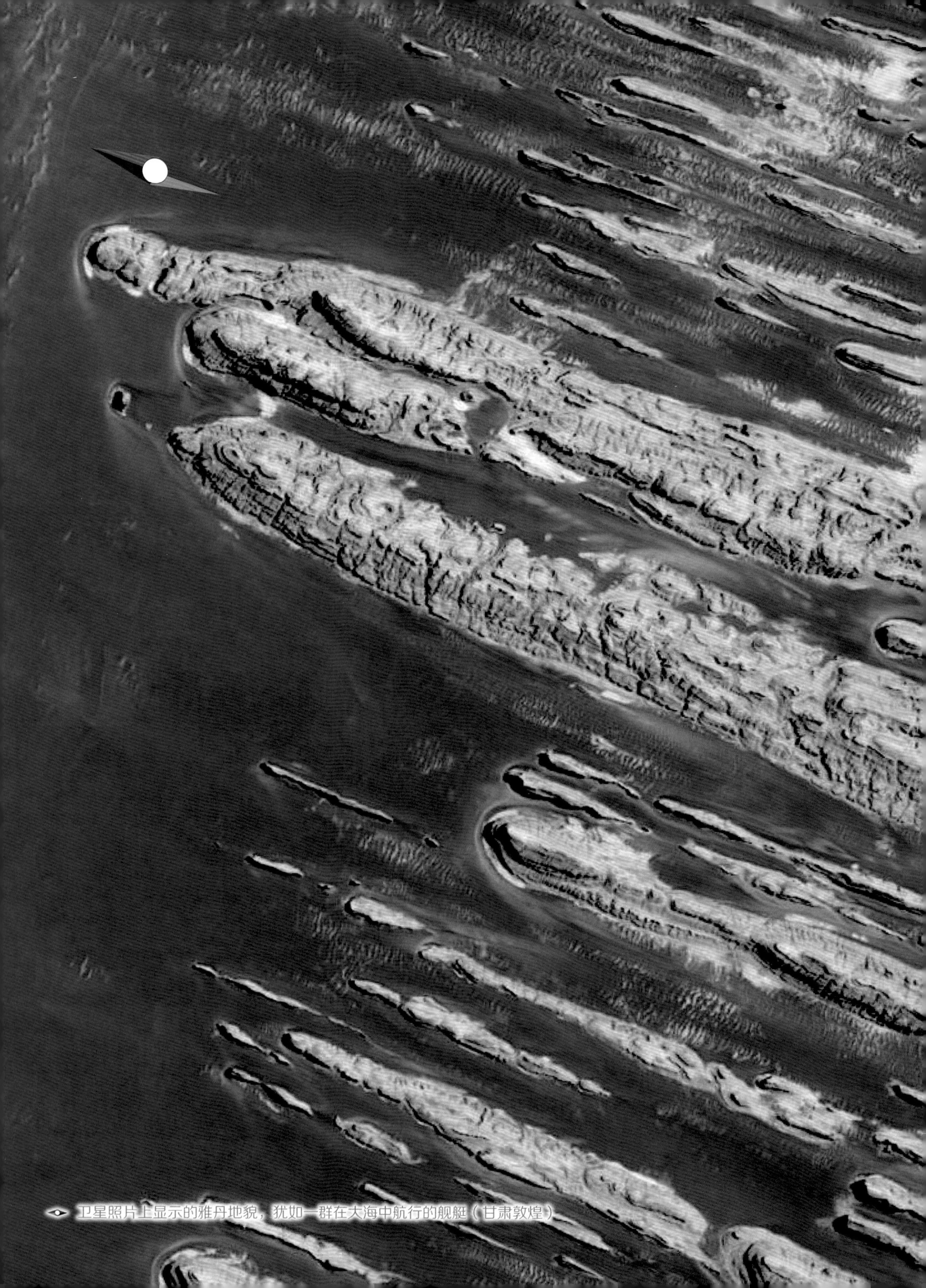

卫星照片上显示的雅丹地貌，犹如一群在大海中航行的舰艇（甘肃敦煌）

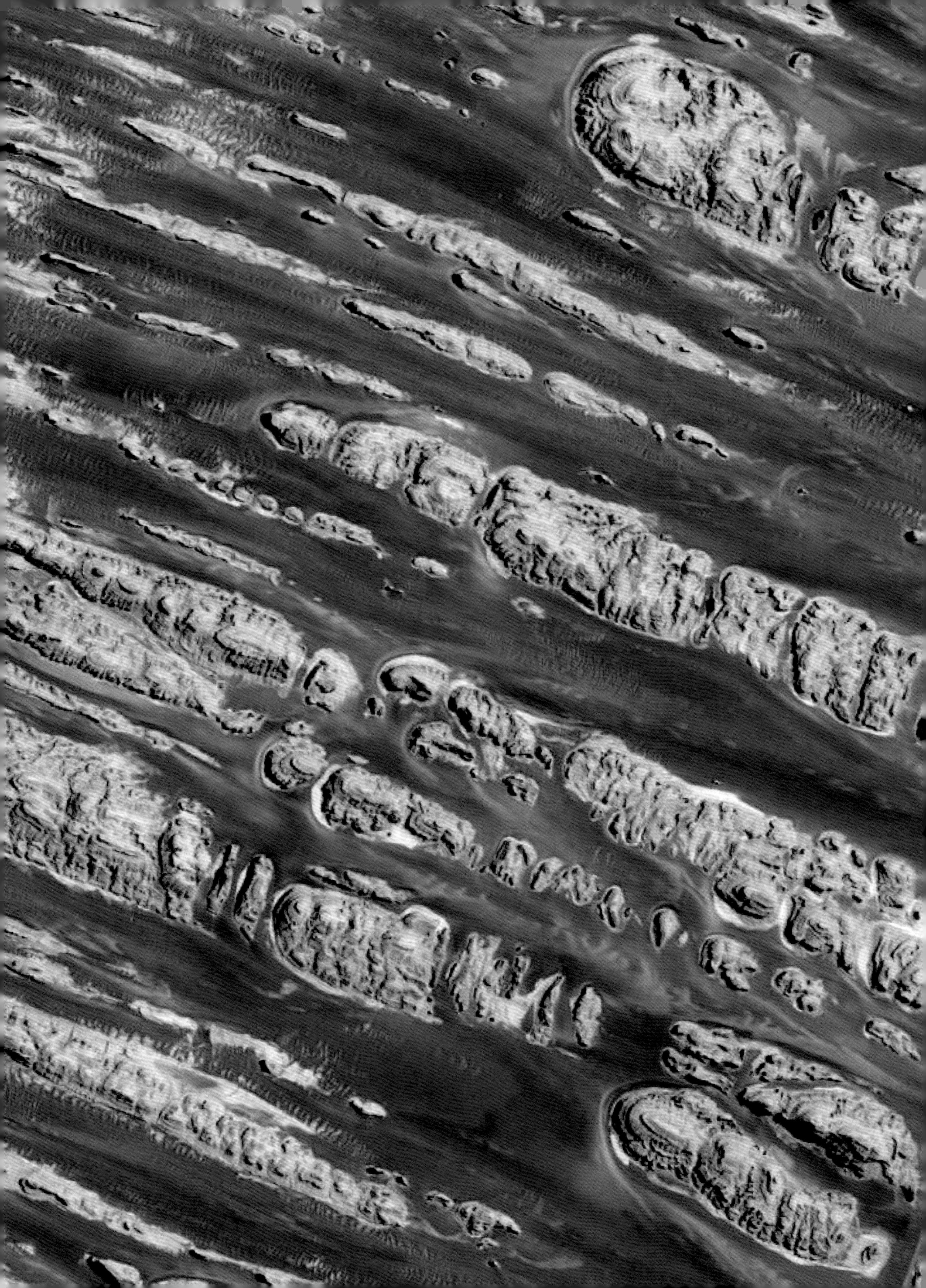

甘肃敦煌雅丹地貌中明显可见的岩层层理

甘肃敦煌雅丹地貌中的风蚀柱、风蚀塔

甘肃敦煌雅丹地貌中的“凤凰”

甘肃敦煌雅丹地貌中的“狮身人面像”

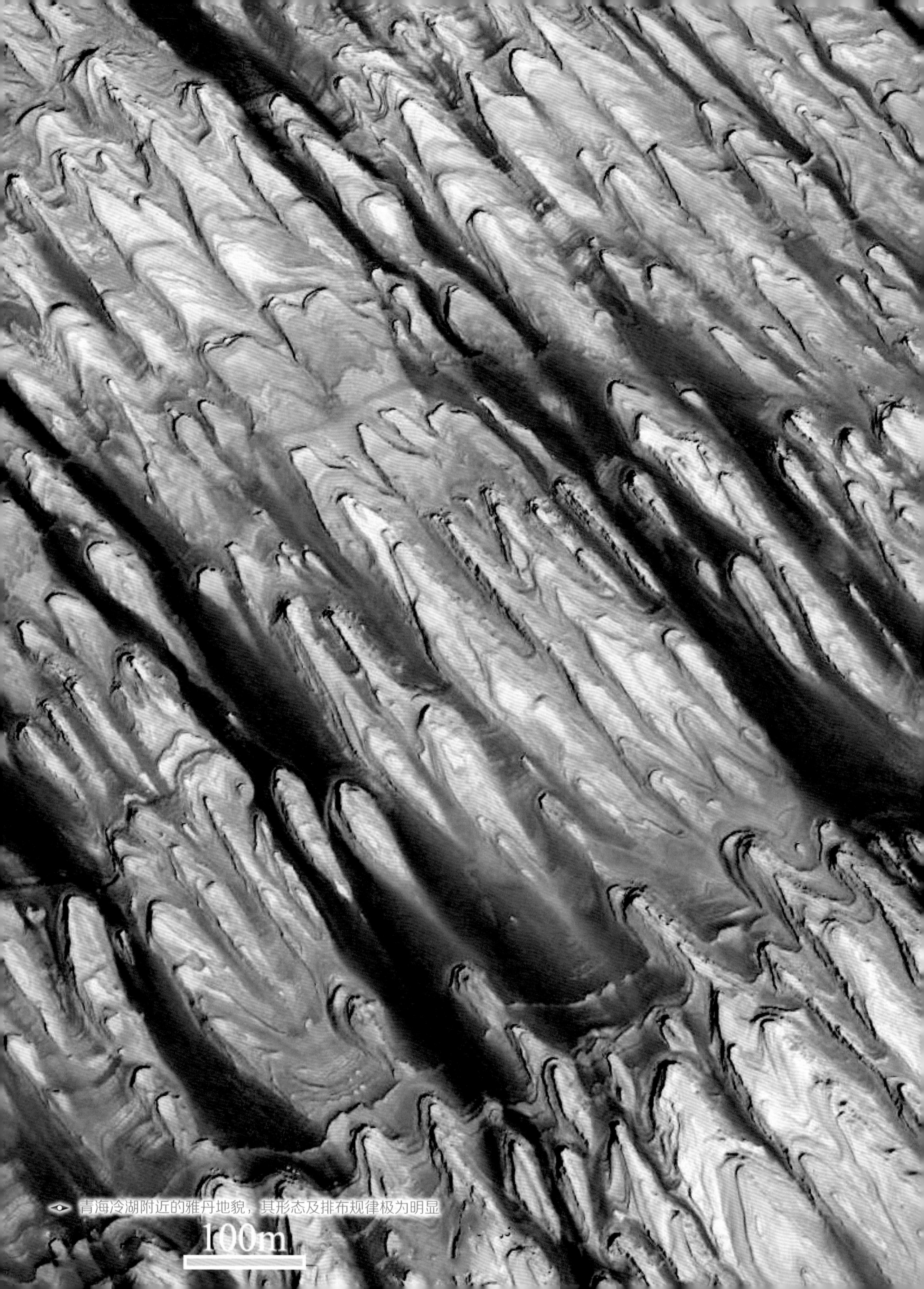

青海冷湖附近的雅丹地貌，其形态及排布规律极为明显

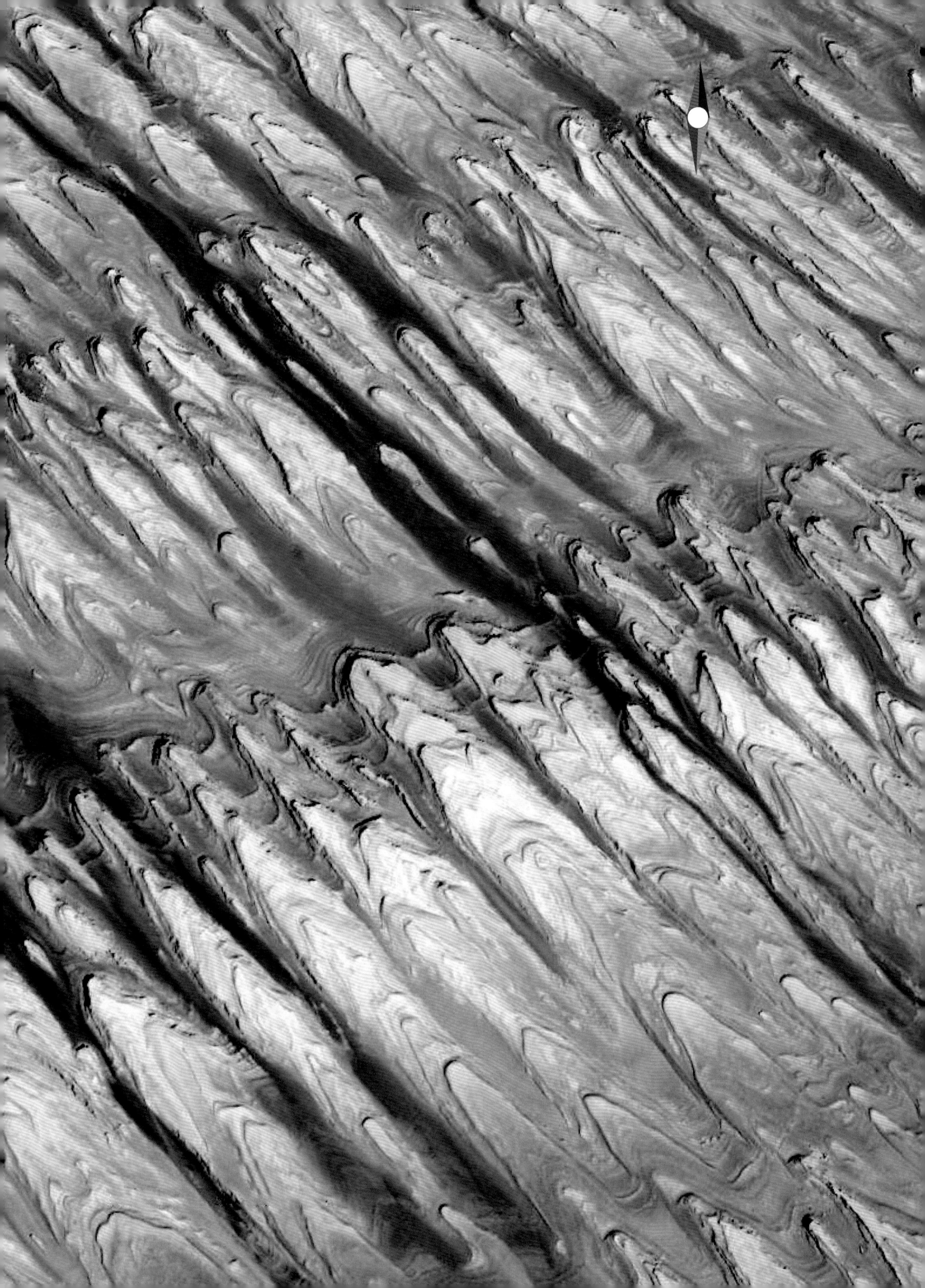

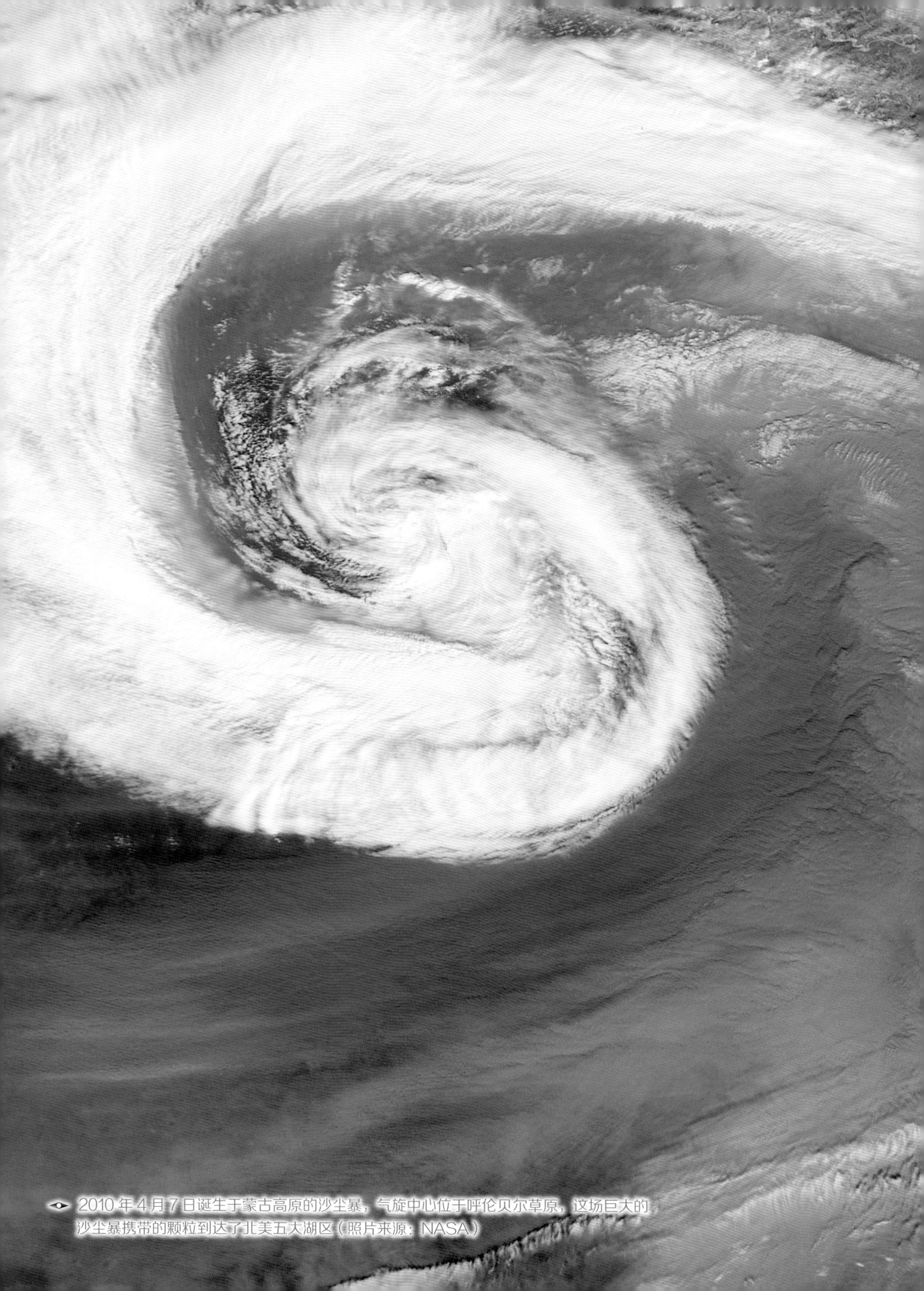

2010 年 4 月 7 日诞生于蒙古高原的沙尘暴，气旋中心位于呼伦贝尔草原，这场巨大的沙尘暴携带的颗粒到达了北美五大湖区（照片来源：NASA）

风的搬运作用

空气的流动产生风。风有极强的搬运能力，可将松散的沉积物（不同粒径砂和尘土等）吹起并携带到异地。风的搬运能力受风速、颗粒大小与形态、地形等多种因素控制。风的搬运的方式也多种各样，粒径大的砂粒或岩屑以推移和跃移为主，粒径小的砂粒可以搬运很远，粉尘和气溶胶粒可以随大气环流漂洋过海数百公里甚至上千公里。

在前进过程中遇到障碍时，风的流动方式和速度都会改变，携带的砂粒便会沉积下来，形成沙丘、沙堆、沙垄等风积地貌，沙漠是最典型的风积地貌。空气中携带的粉砂或悬浮的尘土等在空气静止或流动较慢时会呈面状均匀沉降，我国西北的黄土高原大部分属于风积成因。

2010 年 4 月 25 日诞生于塔克拉玛干沙漠的沙尘暴（照片来源：NASA）

2010 年 8 月 26 日诞生于塔克拉玛干沙漠的沙尘暴（照片来源：NASA）

2012 年 4 月 23 日诞生于塔克拉玛干沙漠的沙尘暴（照片来源：NASA）

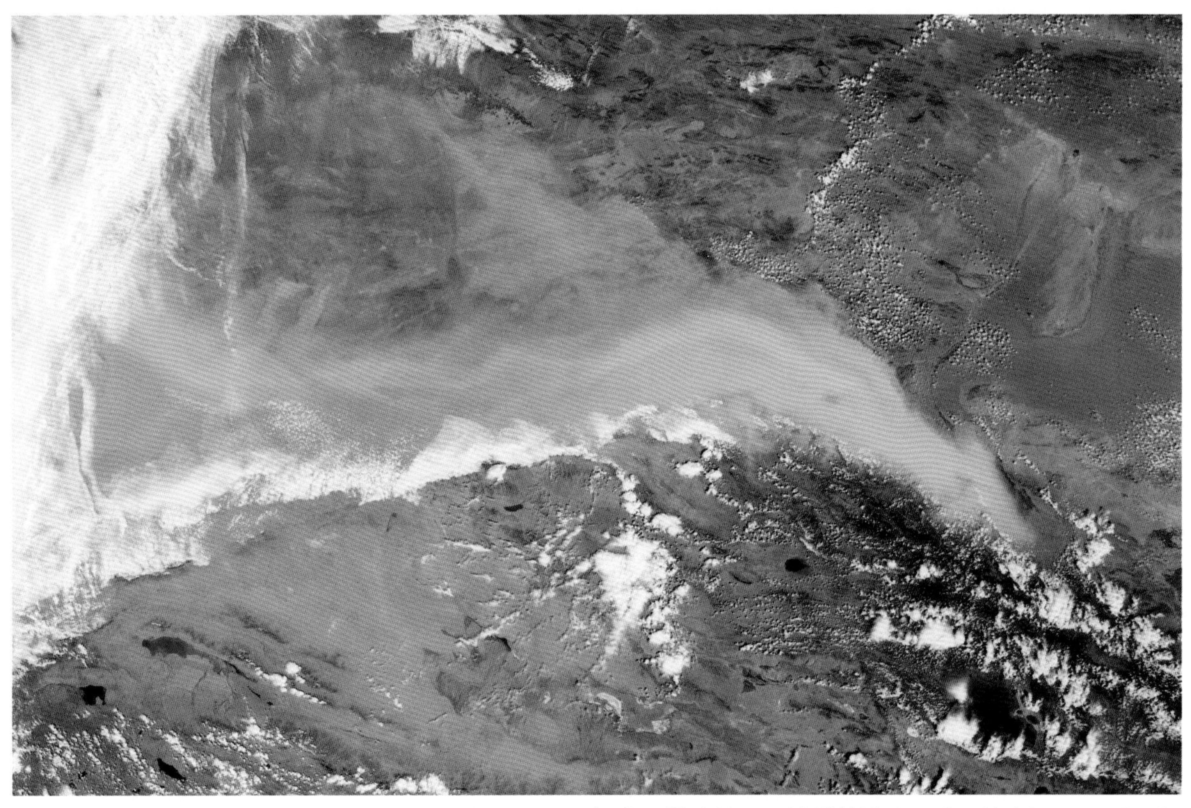

2016 年 8 月 2 日诞生于塔克拉玛干沙漠的沙尘暴（照片来源：NASA）

敦煌市鸣沙山上的沙漠景观

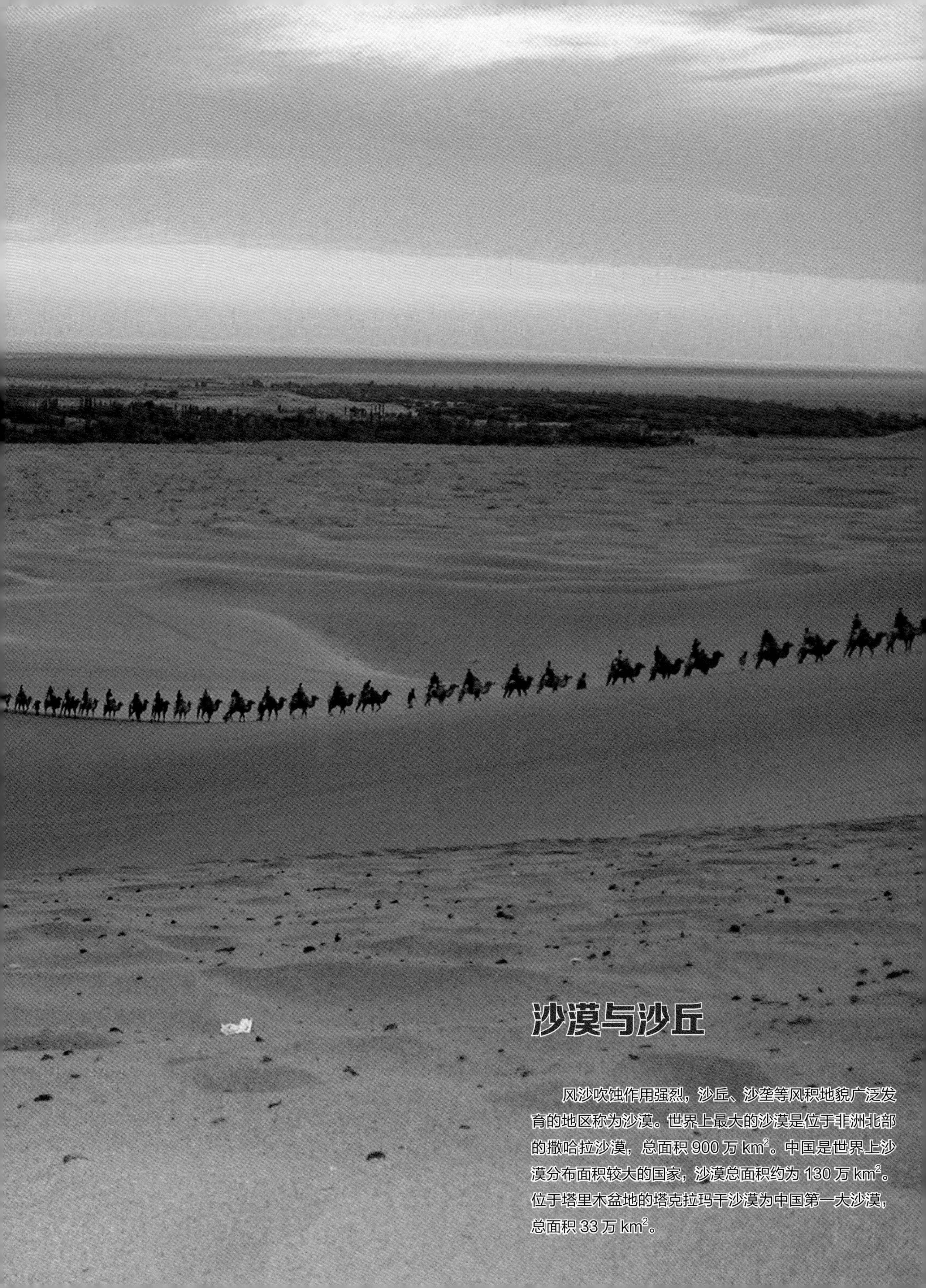

沙漠与沙丘

风沙吹蚀作用强烈，沙丘、沙垄等风积地貌广泛发育的地区称为沙漠。世界上最大的沙漠是位于非洲北部的撒哈拉沙漠，总面积 900 万 km^2。中国是世界上沙漠分布面积较大的国家，沙漠总面积约为 130 万 km^2。位于塔里木盆地的塔克拉玛干沙漠为中国第一大沙漠，总面积 33 万 km^2。

敦煌市鸣沙山的沙丘和被沙丘包围的月牙泉

敦煌市鸣沙山的沙丘

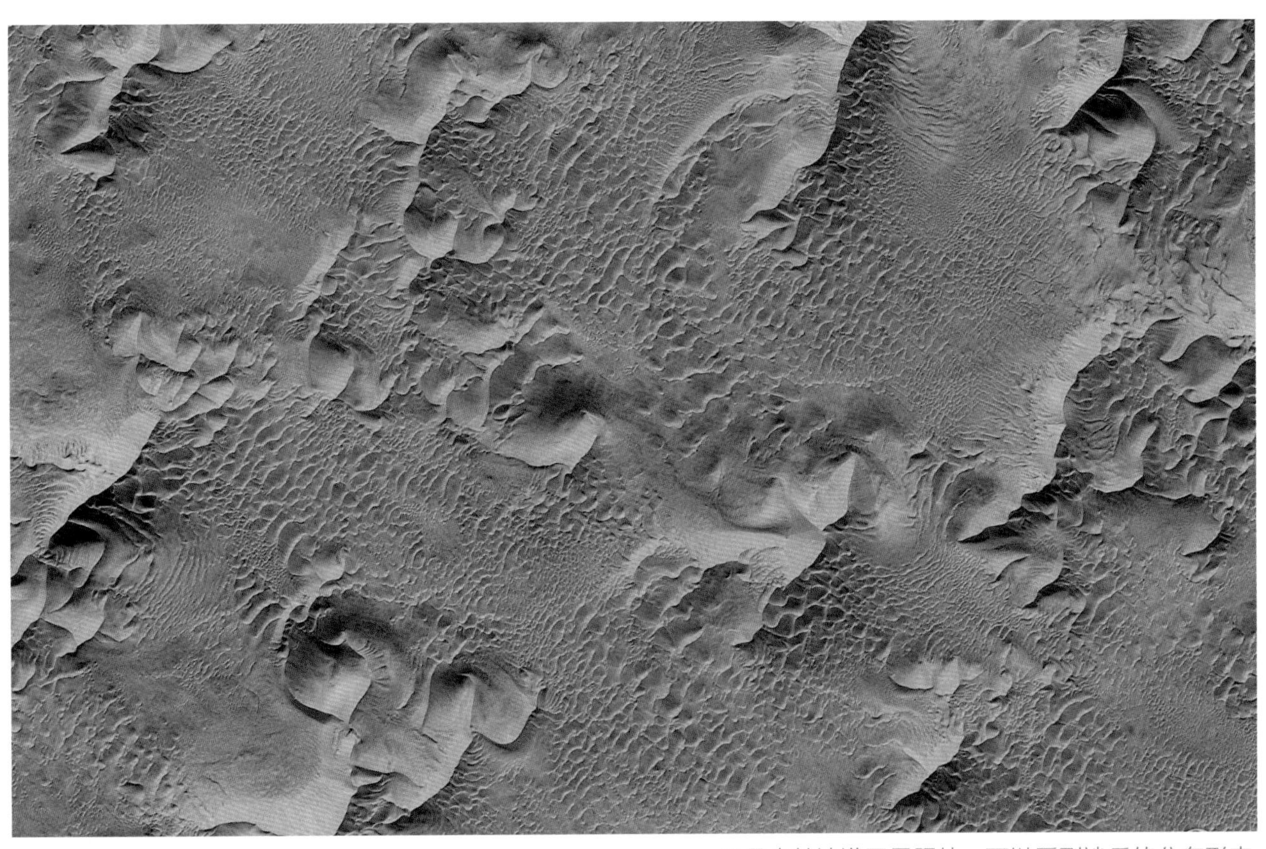

巴丹吉林沙漠卫星照片，可以看到沙丘的分布形态

塔克拉玛干沙漠中的沙丘和残存在沙漠中的胡杨林

滨岸沙丘

风成地貌不仅仅限于干旱、半干旱地区。海滨、湖滨和规模比较大的河滨、古河道、古湖床等区域常有充足的砂的来源，在强风吹蚀下，这些砂粒均会被风吹向岸边形成沙丘。

西藏林芝雅鲁藏布江畔形成的风吹沙丘

西藏林芝雅鲁藏布江畔形成的风吹沙丘

台湾省肯丁公园被河水带入海滨的砂会在干旱的季节被风吹向海岸形成大中型沙丘

红层及丹霞地貌

在国际地学领域，红层泛指所有地质时期形成的红色岩系，无论这些岩石形成于海洋还是大陆内部的河湖。红层往往集中形成于几个特定的时期，在美国主要的形成时代为二叠纪和三叠纪（距今 3 亿—2 亿年），欧洲主要形成于泥盆纪（距今 4 亿—3.6 亿年），中国的红层主要形成于白垩纪至新近纪（距今 1.45 亿—260 万年），绝大多数为典型的红色陆相沉积（形成于大陆内部的湖泊或河流中）。

丹霞地貌是红层地貌中的特殊类型，主要指产状平缓、节理发育的陆相红层在差异风化、重力崩塌、侵蚀、溶蚀等综合作用下形成的城堡状、宝塔状、针状、柱状、棒状、方山状或峰林状的地形。可以简述为"以陡崖坡为特征的陆相红层地貌"。

1928 年，地质学家冯景兰先生到广东北部进行考察时，发现丹霞山 "绝崖陡壁"的风景全由一套红色块状的砂岩与砾岩侵蚀而成，于是将这套红色砂砾岩称为"丹霞层"。1938 年，地质学家陈国达先生将丹霞山附近由丹霞层侵蚀风化形成的顶平坡直、绝壁悬崖的奇峰怪石称为丹霞地形。1978 年，中山大学曾昭璇教授将这种以丹霞山为典型，以丹崖峭壁、石峰林立为特点的红层地貌正式称之为"丹霞地貌"。2010 年，联合国教科文组织正式将这种地貌称为"中国丹霞"。丹霞地貌在中国已经发现 1200 余处，几乎遍布整个中国。

广东仁化丹霞山：构成丹霞地貌的岩石为白垩系丹霞组的砂砾岩，形成时间为新近纪以后

城堡状丹霞地貌（广东丹霞山）

柱状—城堡状丹霞地貌（广东丹霞山）

城堡状丹霞地貌（广东丹霞山）

柱状—城堡状丹霞地貌（广东丹霞山僧帽峰）

塔状—城堡状丹霞地貌（广东丹霞山巴寨—茶壶峰）

水平岩洞（广东丹霞山锦石岩寺）

柱状、墙状丹霞地貌（广东丹霞山阳元山）

张掖冰沟丹霞　柱状、塔状、城堡状等地貌极为发育，构成丹霞地貌的岩石为白垩系的下沟组砂砾岩。丹霞地貌的形成时间为古近纪之后。

杜状、城堡状丹霞地貌（张掖冰沟丹霞）

杜状、城墙状丹霞地貌（张掖冰沟丹霞）

城墙状、柱状丹霞地貌（张掖冰沟丹霞）

楷状、塔状的丹霞地貌（张掖冰沟丹霞）

青海李家峡水库附近的坎布拉地质公园内的丹霞峰丛，主要由距今大约 3800 万年（始新世）的砂砾岩组成。这里的丹霞地貌大约开始形成于十几万年前，以奇峰、方山、洞穴、峭壁为主要特征

四川省乐山市川西竹海丹霞地貌

青海坎布拉丹峡公园

河北承德的磬锤峰（棒槌山），由侏罗纪末期—白垩纪早期形成的红色砂砾岩构成。磬锤峰大约形成于 300 万年前

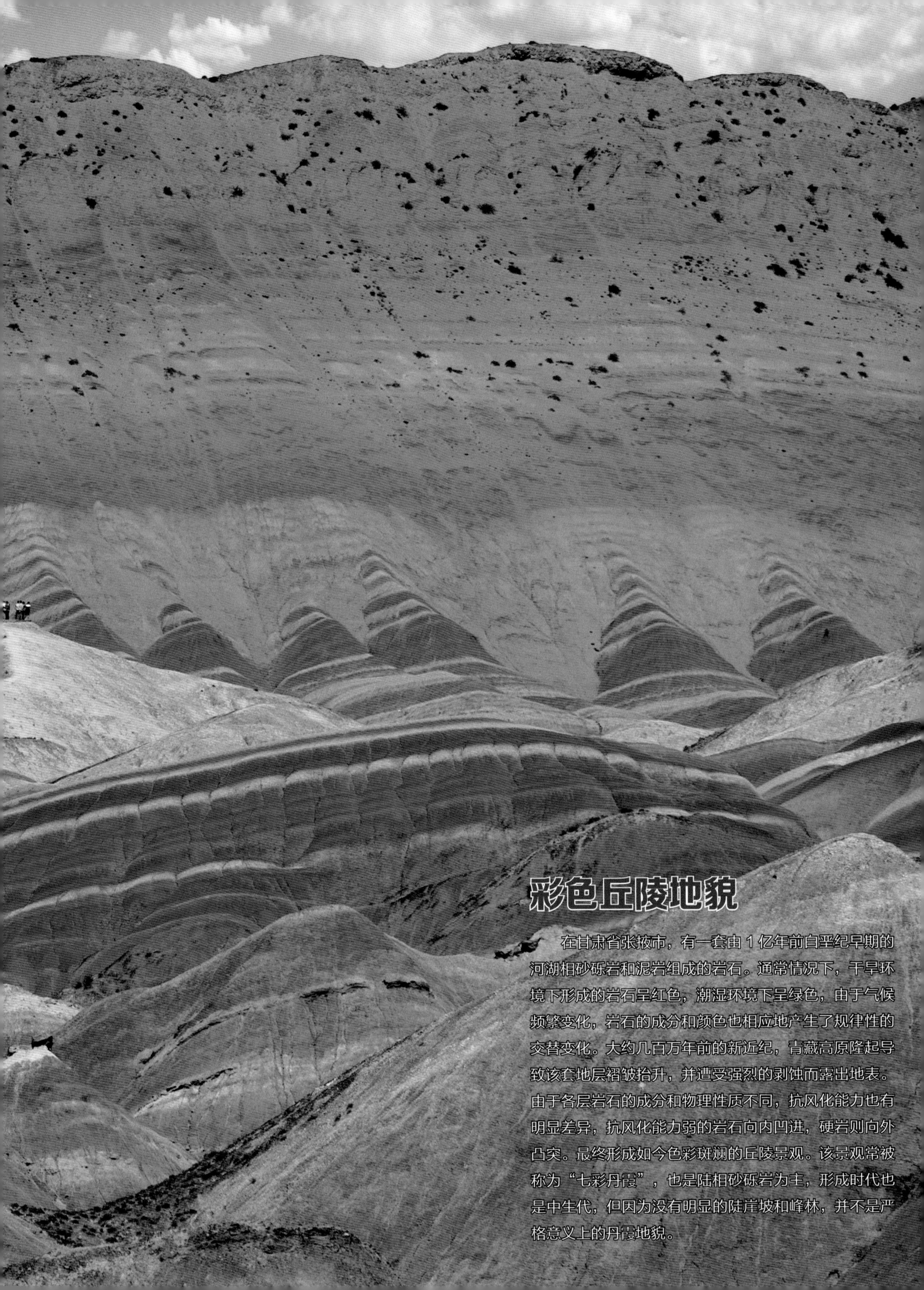

彩色丘陵地貌

在甘肃省张掖市，有一套由 1 亿年前白垩纪早期的河湖相砂砾岩和泥岩组成的岩石。通常情况下，干旱环境下形成的岩石呈红色，潮湿环境下呈绿色，由于气候频繁变化，岩石的成分和颜色也相应地产生了规律性的交替变化。大约几百万年前的新近纪，青藏高原隆起导致该套地层褶皱抬升，并遭受强烈的剥蚀而露出地表。由于各层岩石的成分和物理性质不同，抗风化能力也有明显差异，抗风化能力弱的岩石向内凹进，硬岩则向外凸突。最终形成如今色彩斑斓的丘陵景观。该景观常被称为“七彩丹霞”，也是陆相砂砾岩为主，形成时代也是中生代，但因为没有明显的陡崖坡和峰林，并不是严格意义上的丹霞地貌。

张掖彩色丘陵地貌

张掖彩色丘陵地貌

张掖彩色丘陵地貌

张掖彩色丘陵地貌

张掖彩色丘陵地貌，岩石中有钙质胶结物和石膏等易溶矿物，呈现出类似喀斯特特征的地貌

祁连山北麓的红层

甘肃祁连山旱峡沟口白垩系红层

甘肃红柳峡中生界的红色砂砾岩

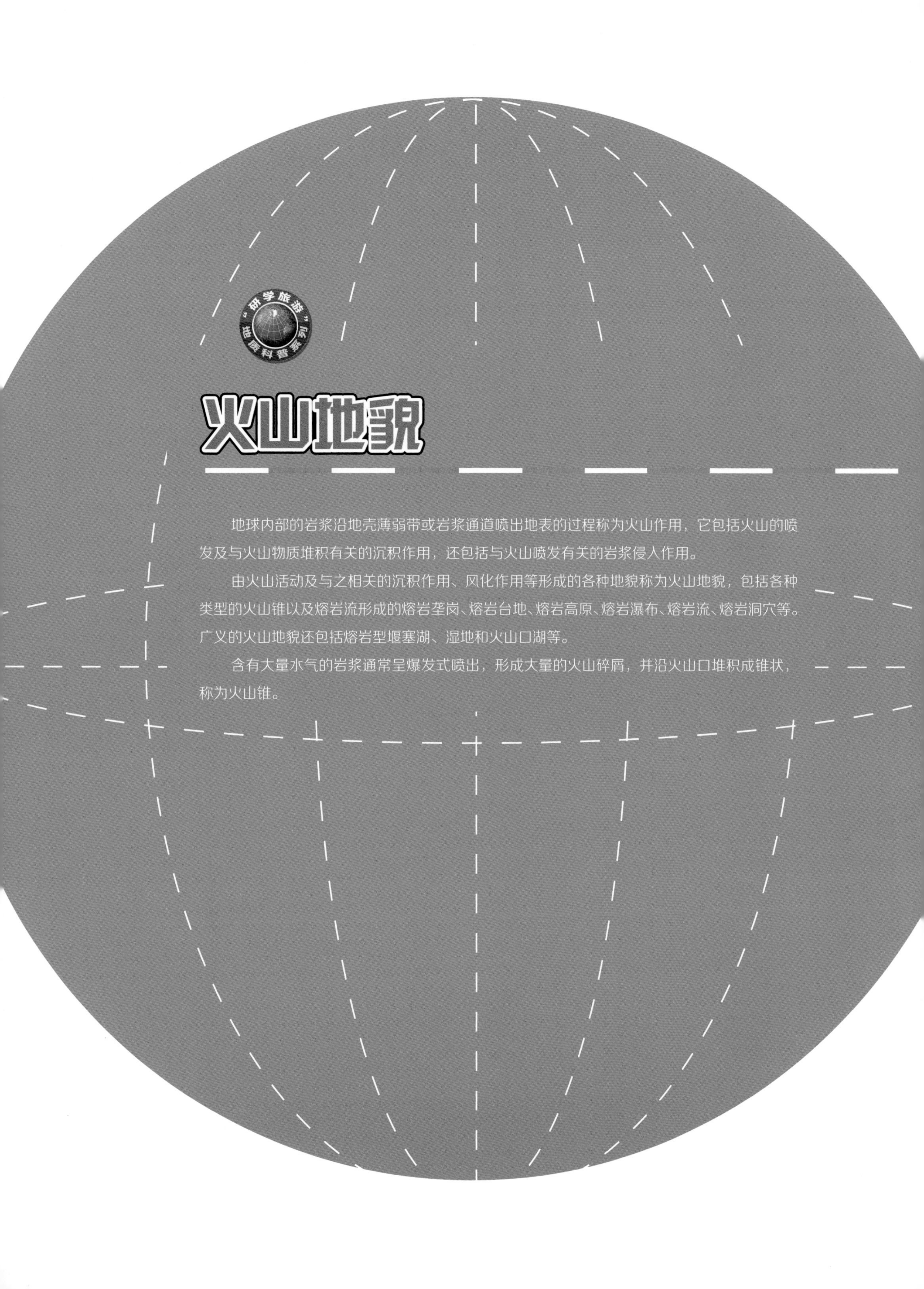

火山地貌

地球内部的岩浆沿地壳薄弱带或岩浆通道喷出地表的过程称为火山作用，它包括火山的喷发及与火山物质堆积有关的沉积作用，还包括与火山喷发有关的岩浆侵入作用。

由火山活动及与之相关的沉积作用、风化作用等形成的各种地貌称为火山地貌，包括各种类型的火山锥以及熔岩流形成的熔岩垄岗、熔岩台地、熔岩高原、熔岩瀑布、熔岩流、熔岩洞穴等。广义的火山地貌还包括熔岩型堰塞湖、湿地和火山口湖等。

含有大量水气的岩浆通常呈爆发式喷出，形成大量的火山碎屑，并沿火山口堆积成锥状，称为火山锥。

五大连池火山群中的南格拉球火山锥，是五大连池火山群中最老的火山，形成于 207 万—210 万年前，也是五大连池火山群中海拔最高的火山（597m），火山口积水成湖，称为格拉球山天池（照片来源：五大连池世界地质公园管理委员会）

1980 年 4 月 10 日，美国圣海伦火山小规模喷发（照片来源：美国地质调查局 Donald A. Swanson）

美国西部的圣海伦火山是典型的锥状活火山，1980 年 5 月 18 日，美国太平洋时间 8 点 32 分，圣海伦火山附近发生了 5.1 级地震，紧接着强烈的火山喷发，大量的火山灰冲入 24000m 以上的天空，散布到附近 11 个州。5 · 18 大爆发之前的两个月内，圣海伦火山已经有多次地震和小规模的喷发，因此地质学家紧急建议政府关闭了这座火山，禁止附近居民进入危险区域，挽救了上千人的生命。火山大爆发及引发的巨大的滑坡和泥石流，共造成 57 人死亡，其中包括观察火山活动的地质学家。

1980 年 5 月 18 日，美国圣海伦火山大爆发
（照片来源：美国地质调查局）

火山及火山喷发

美国夏威夷Kīlauea火山喷发的熔浆（照片来源：美国地质调查局）

2009年9月27日，美国夏威夷Halemaumau火山口（照片来源：美国地质调查局）

1984 年 3 月 25 日，美国夏威夷 Mauna Loa 火山喷发
（照片来源：美国地质调查局）

1990 年 8 月 30 日，美国夏威夷 Puu Oo 火山口
（照片来源：美国地质调查局 J.D. Griggs）

火山岩六角柱状节理

侵入到地表或近地表环境的岩浆有数百度高温，在逐渐冷却到正常温度的过程中会发生渐变收缩，最终形成柱状节理。一般多见于玄武岩和黑曜岩。香港世界地质公园中的火山岩为 1.4 亿年前火山爆发时喷出的酸性流纹质火山熔岩，熔岩层在冷却成岩期间出现规则的收缩，形成了今天所见的六角柱状节理。

本版照片全部由香港世界地质公园吴善斌提供。

山东乐昌玄武岩冷凝产生的柱状节理—吕洪波摄

吉林长白县十五道沟玄武岩冷凝产生的柱状节理—赵美娣摄

美国魔鬼峰（Devils Tower）六角柱状节理—Colin Faulkingham 摄

英国巨人石道岬（Giant's Causeway）六角柱状节理—Man vyi 摄

火山口与火山口湖

火山口是指火山喷出物在喷出口周围堆积，在地面上形成的环形坑。上大下小，常成漏斗状或碗状，一般位于火山锥顶端。火山口的深浅不等，一般不超过二三百米，直径约在 1000m 以内。火山口多年积水，可形成火山口湖。

长白山天池—吴才来摄

圣萨尔瓦多境内的 Santa Ana 火山口及火山口湖—José Fernández 摄　**该火山口也是多期喷发的产物，从图中可以清楚看到多期喷发的证据，中间的凹陷为火山湖。**

远瞰雁荡山大龙湫—叶金涛摄

雁荡山世界地质公园

雁荡山世界地质公园主体位于浙江省温州市乐清市境内，距杭州 300km，距温州 70km。公园总面积近 300km^2。主园区包括灵峰、三折瀑、灵岩、大龙湫瀑布等景区。雁荡山属大型滨海山岳风景名胜区，最高海拔 1056.6m。2005 年，雁荡山以其“全球典型的早白垩世复活型破火山独特地质地貌和重大科研价值”而入选世界地质公园。雁荡山完整记录了距今 1.28 亿—1.08 亿年间一座复活型破火山演化的历史。公园内有世界罕见的早白垩世复活型破火山，流纹质火山岩在外动力作用下形成叠嶂、锐峰、柱峰、方山、石门、岩洞等组合地貌景观，有人称之为雁荡山地貌。

雁荡山显胜门—叶金涛摄

雁荡山剪刀峰—叶金涛摄

雁荡山合掌峰—叶金涛摄

雷琼世界地质公园

雷琼世界地质公园位于中国南端的琼州海峡，地质上为雷琼陆谷火山带。地质公园以海峡为界，海峡南为海南省海口园区，北为广东省湛江园区，总面积 405km^2。公园内有 101 座火山，全部为第四纪火山，包含了玄武质岩浆爆发与蒸汽岩浆爆发的所有产物：熔岩锥、碎屑锥、混合锥、玛珥火山（低平火山口）等，被称为第四纪火山天然博物园。

本版照片由雷琼世界地质公园管理委员会提供。

雷虎岭火山

玄武岩柱状节理

罗京盘玛珥火山 罗京盘位于海南省海口市秀英区永兴以南约 6km 处，为一浅底锅形洼地，实际为形态不完整的扁平状火山口，称为破火山口。火山底座直径 900～1000m。火山口中心为一 7～8m 高的熔岩丘。火山口底部平坦，被开发为放射状农田，边坡为环形梯田。

湖光岩全景图 湖光岩玛珥湖是距今 14 万—16 万年前由平地火山爆炸后冷却下沉形成的玛珥式火山湖，湖深 400 多米，湖面积 2.3km^2。湖水有火山堆的保护，未受外界水系干扰，因而湖底沉积物保留了十几万年以来当地的地球环境演变记录。

镜泊湖冰瀑—梁大明摄

镜泊湖世界地质公园

镜泊湖是由火山喷发的熔岩流阻塞牡丹江河道而形成的堰塞湖，位于黑龙江省东南部宁安市，距牡丹江市 80km。镜泊湖南北长约 45km，水域面积 80km^2，蓄水量约 16 亿 m^3。镜泊湖火山群位于湖的北端西北方向 40km，共有 12 个大小不同的火山口，为多次火山活动的产物，最新一次火山喷发距今约 4800 年。火山喷出的玄武质岩浆沿约 40km 长的山谷顺势向东流入牡丹江，堵塞河道形成了镜泊湖和熔岩坝瀑布。

镜泊湖熔岩隧道—李春峄摄

镜泊湖 3 号火山口—陆晓路摄

镜泊湖火山岩湿地—朱益民摄

镜泊湖火山岩湿地—朱益民摄

镜泊湖火山岩湿地—陈守政摄

老黑山火山口，形成于1720-1721年

五大连池世界地质公园

五大连池世界地质公园位于黑龙江省中北部，面积 790km^2, 拥有 14 座形成于不同地质时期的火山，火山活动从 207 万年开始一直持续到现代。1720—1721 年的火山喷发形成了老黑山和火烧山，是中国东部最年轻的火山。五大连池是最新的火山喷发填塞、分割了浩瀚的远古盆地乌德林池而形成。五大连池火山地质公园拥有世界上保存最完整、分布最集中、品类最齐全、状貌最典型的火山地质地貌，如石龙、石海、熔岩瀑布、熔岩暗道、熔岩钟乳、象鼻熔岩、翻花熔岩、喷气锥碟、火山砾和火山弹等微地貌景观，被科学家称之为“天然火山博物馆”和“打开的火山教科书”。

本版照片由五大连池世界地质公园管理委员会提供。

秋天的老黑山火山口

霜塔：冬天来自地下熔岩隧道中的热气遇到地面的冷空气后凝结而成

火山爆发的同时常伴随有地震，在上部岩浆刚刚凝结，下部岩浆还呈液态时，地震作用促使岩浆上涌，形成这种特殊的裂隙构造

绳状熔岩

形态特殊的熔岩

特殊形态的火山熔岩

后记

人类赖以生存的地球已经46亿岁了。在漫长的演化过程中，大自然鬼斧神工般创造了无数奇美的风景，大到巍峨的高山、奔腾的江河、浩瀚的海洋和无垠的沙漠，小到一沙一石、一草一木。

常言说，知其然，更要知其所以然。在欣赏遍布地球各个角落奇美的风景时，如果知道美的原因无疑会极大地提升我们发现和鉴赏自然之美的能力。

地质学是研究地球物质成分、结构构造和演化历史的科学。山脉、高原、沙漠、戈壁、江、河、湖、海都是地质学的研究对象。因此，我们计划从地球上的经典地貌开始，较系统地向公众普及地质学的知识，这就是我们着力编写"地质之美"系列科普读物的初衷。

本书根据编者掌握的资料，以照片为主向读者展示了地球的①山岳冰川地貌、②河流与湖泊地貌、③喀斯特地貌、④海岸地貌、⑤风成地貌、⑥红层及丹霞地貌和⑦火山地貌等内容。需要特别说明的是，迄今为止，还没有完美的地貌分类体系。本书的分类主要考虑地貌的成因，但是同一地貌经常有多种成因，这样在分类时不可避免地有主观因素。比如火山喷发后，火山口塌陷蓄水成湖后的地貌，既可以归为湖泊地貌，也可归为火山地貌。再比如，107万年前，非洲加纳曾遭受一颗陨石撞击，陨石撞击坑积水成湖后的地貌既可归为湖泊地貌，也可单独列为撞击坑地貌，但考虑到这种地貌在地球极为罕见，故将其列入湖泊地貌。类似的例子还有很多，不再一一罗列。

本书不是地貌学的百科图册，而是作为地貌学的科普读物，供广大读者阅读。在编写过程中，广泛参考了最新的学术成果，尽可能用通俗易懂的词汇来定义或解释各类地貌景观。本书也可供地学专业人士作为教学或科研的参考资料。

一砂一世界，一石一天堂。希望读者在欣赏大自然的地貌美景过程中，多了解一些地貌的成因知识，增加对地球科学的兴趣。

本书有 47 张照片分别来自陈守政、陈永金、方丽莹、黄智勇、李春峄、李小强、李学宽、梁大明、陆晓路、吕洪波、彭华、苏祺、王从彦、吴才来、吴和政、吴树成、叶金涛、张红旗、赵美娣、周刚和朱益民（排名不分先后）。有 29 张卫星照片来自美国国家航空航天局（NASA）、美国地质调查局（USGS）和维基百科等公开资料。除卫星照片外，均在照片相应位置做了标注。广东丹霞山世界地质公园陈昉、广西乐业一凤山世界地质公园方丽莹、镜泊湖世界地质公园李春峄、雷琼世界地质公园揭育胜、五大连池世界地质公园张宏杰、香港世界地质公园吴善斌以及雁荡山世界地质公园卢琴飞等人为本书提供了多张精美的照片和专业的帮助。本书的完成与这些朋友和机构的无私支持是分不开的，特此致谢。

在本书编写的过程中，还参考了百余篇专业文献的成果，考虑到本书为科普性读物，没有在正文中标注引用的文献，只将重要的参考文献列于书后，并向诸位作者致谢。

限于编者的学识和条件，错漏之处在所难免，请读者不吝指正。

主要参考文献

曾昭璇，黄少敏．1978．中国东南部红层地貌．华南师范大学学报(自然科学版)，(1):56–73.

曾昭璇．1983．我国某些历史地貌学问题的刍议．地理研究，2（2）：12–19.

陈洪洲，马宝君，高峰．2005．镜泊湖全新世火山喷发特征．中国地震， 21（3）：360–368.

陈洪洲，吴雪娟．2003．五大连池火山 1720—1721 年喷发观测记录．地震地质，25（3）：491–500.

陈丽红，张璞，武法东，等．2015．河北承德丹霞地貌国家地质公园地质遗迹景观．地球学报，36（4）：500–506.

程三友，李英杰．2010．抚仙湖流域地貌特征及其构造指示意义．地质力学学报，16（4）： 383–392.

丁仲礼，孙继敏，余志伟，等．1998．黄土高原过去 130ka 来古气候事件年表．科学通报， 43（6）：567–574.

范文纪．1982．贡嘎山的地质构造基础和冰川地貌特征．成都科学大学学报，3：19–33.

何耀灿．1991．贡嘎山海螺沟冰川地质环境的基本特征．四川地质学报，11（3）：221–225.

胡东生，陈克造．1990．近代察尔汗盐湖的变迁．科学通报，24：1880–1891.

胡东生．1990．察尔汗盐湖区地貌．湖泊科学，2（1）：37–43.

胡欣欣，黄成敏．2008．钙华成因及其在古环境与古气候重建中的应用．世界科技研究与进展， 30（3）：331–335.

李炳元，王苏民，朱立平，等．2001．12kaBP 前后青藏高原湖泊环境．中国科学（D 辑），31（增刊）：258–263.

李凤霞，李林，沈芳，等．2004．青海湖湖岸形态变化及成因分析．资源科学，26（1）：38–44.

李玉辉．2002．中国云南石林岩溶形态类型与特征．中国岩溶，21（3）：165–172.

林丽花，张敏．2007．巴松错国家级森林公园生态旅游资源评价及开发探讨．林业调查规划，32（5）：135–138.

刘再华，袁道先，何师意，等．2003．四川黄龙沟景区钙华的起源和形成机理研究．地球化学， 32（1）：1–10.

罗德仁．1987．黄果树瀑布群成因初探．贵州地质，10（1）：99–102.

吕儒仁，高生淮．1992．贡嘎山海螺沟冰川冰舌地段的泥石流．冰川冻土，14（1）：73–80

吕宗文．1994．黑龙江五大连池火山群现代火山构造及其形成机制．火山地质与矿产，15（1）：5–21.

濮培民，屠清瑛，王苏民．1989．中国湖泊学研究进展．湖泊科学， 1（1）：1–11.

施雅风，赵井东．2009．40 ~ 30 ka BP 中国特殊暖湿气候与环境的发现与研究过程的回顾．冰川冻土，31（1）：1–10.

宋春晖，方小敏，师永民，等．2000．青海湖西岸风成沙丘特征及成因．中国沙漠，20（4）：443–446.

苏珍，施雅风，郑本兴．2002．贡嘎山第四纪冰川遗迹及冰期划分．地球科学进展，17（5）： 639–647.

陶奎元．2007．中国雷琼世界地质公园．资源调查与环境，28（3）：223–227.

王承祺．1979．黑龙江省五大连池火山地质特征．哈尔滨科学技术大学学报，1–28.

夏林圻．1990．论五大连池火山岩浆演化．岩石学报， 1：13–29.

徐义刚，樊祺诚．2015．中国东部新生代火山岩研究回顾与展望．矿物岩石地球化学通报，34（4）：682–689.

翟福君，刘桂香．2010．第四纪镜泊火山活动与镜泊湖世界地质公园．地质与资源， 19（1）：53–57.

张耀德．1986．对五大连池成因的新认识．吉林地质，（3）：77–79.

张英骏，莫仲达．1982．黄果树瀑布成因初探．地理学报，37（3）：303–314.

朱学稳，陈伟海．2006．中国的喀斯特天坑．中国岩溶， 25 （增刊）：7–18.

朱学稳．1982．桂林地区灰岩洞穴的溶蚀形态．中国岩溶，2：93–103.

朱学稳．2009．我国峰林喀斯特的若干问题讨论．中国岩溶，28（2）：155–168.